U0716890

数字科技
投资大趋势

零壹智库·著　　安宁·主编

中国财富出版社有限公司

图书在版编目（CIP）数据

数字科技投资大趋势 / 零壹智库著；安宁主编. —北京：中国财富出版社有限公司，2023.6

ISBN 978－7－5047－7862－8

Ⅰ.①数… Ⅱ.①零… ②安… Ⅲ.①数字技术—应用—科学技术—技术投资—研究 Ⅳ.①G301-39

中国国家版本馆 CIP 数据核字（2023）第 063053 号

策划编辑	杜　亮	**责任编辑**	张红燕　张思怡	**版权编辑**	李　洋
责任印制	梁　凡	**责任校对**	孙丽丽	**责任发行**	董　倩

出版发行	中国财富出版社有限公司		
社　　址	北京市丰台区南四环西路 188 号 5 区 20 楼	**邮政编码**	100070
电　　话	010－52227588 转 2098（发行部）	010－52227588 转 321（总编室）	
	010－52227566（24 小时读者服务）	010－52227588 转 305（质检部）	
网　　址	http：//www.cfpress.com.cn	**排　　版**	宝蕾元
经　　销	新华书店	**印　　刷**	宝蕾元仁浩（天津）印刷有限公司
书　　号	ISBN 978－7－5047－7862－8/G·0798		
开　　本	710mm×1000mm　1/16	**版　　次**	2023 年 10 月第 1 版
印　　张	15.25	**印　　次**	2023 年 10 月第 1 次印刷
字　　数	250 千字	**定　　价**	65.00 元

版权所有·侵权必究·印装差错·负责调换

目　录

第一章

数字经济与数字科技

"数字经济" 2017 年首次出现在国务院政府工作报告中，2019 年至 2022 年更是连续 4 年写入政府工作报告，如今已上升为国家战略。2022 年 1 月，国务院印发《"十四五"数字经济发展规划》，政府工作报告中首次以单独成段的形式描述数字经济。发展数字经济，已经成为未来最具确定性的大趋势之一，也是发现未来投资机会的基础和背景。

从 2017 年到 2021 年，我国数字经济规模从 27.2 万亿元增至 45.5 万亿元，总量稳居世界第二，年均复合增长率达 13.6%，占国内生产总值比重从 32.9% 提升至 39.8%，成为推动经济增长的主要引擎之一。

数字经济是以人工智能、大数据、云计算、区块链等新一代信息技术为代表的数字技术与实体经济深度融合，加速重构经济发展与治理模式的新经济形态，因此，数字经济发展的本质是数字科技产业的发展。

一、数字经济的内涵与发展现状

人类历史上，1925 年第一台模拟计算机问世，1946 年第一台数字计算机诞生。模拟计算机使用模拟信号，而数字计算机主要使用数字信号。模拟信号以连续变化的物理量表征信息，而数字信号以离散信号（即二进制）表征信息。前者表征信息的效率高，后者抗干扰能力强。因为数字信号有抗干扰能力强等诸多优势，数字计算机成为主流。

时至 1958 年，银行和保险业率先使用数字计算机处理数据，由此拉开了数字计算机在服务业应用的序幕。20 世纪 80 年代，计算机集成制造系统（CIMS）开始盛行，数字计算机进入了制造业。20 世纪 90 年代，数字计算机在制造业的应用开始向企业外部延伸，开始全面向制造业渗透。在数字计算机得到广泛应用的同时，以其为核心的信息技术和通信技术却在各自的发展路径上独立演化前行：数字计算机主要采用数字信号，而通信技术仍采用模拟信号。

直到 1991 年，第二代便携式电话和高清电视（HDTV）开始采用数字信号，通信技术和以计算机为核心的信息技术以数字信号为共同基础，终于走向了融合，信息与通信技术（ICT）由此正式诞生。在 ICT 诞生的同时，1990年，美国国防部向社会公众开放军事和科研阿帕网（ARPANET），随后 AR-PANET 迅速演化为国际互联网（互联网）。1993 年后，基于互联网的电子商务迅速风靡全球。中国于 1994 年接入互联网。1999 年，阿里巴巴等电子商务企业成立，随后中国电子商务迎来快速发展的 20 年。

1996 年，Don Tapscott 在其专著《数字经济：网络智能时代的希望与风险》中首次提出了"数字经济"（the digital economy）这一概念。Don Tapscott 所界定的"数字经济"是互联网与经济融合而生的"互联网经济"。这一时期，与"数字经济"相近的概念还有"知识经济""无边界经济""网络经济"和"信息经济"。

21 世纪初，在互联网继续发展的同时，人工智能、区块链、云计算、大数据和物联网（统称"ABCDI"）等新一代数字技术纷纷进入商业应用阶段。第一、第二、第三产业迅速将互联网和 ABCDI 等新一代数字技术应用于生产经营。学界和业界逐渐将互联网和 ABCDI 等新一代数字技术与经济深度融合的产物视为"数字经济"。

2016 年，G20 杭州峰会将数字经济界定为：以使用数字化的知识和信息作为关键生产要素、以现代信息网络作为重要载体、以信息通信技术的有效使用作为效率提升和经济结构优化的重要推动力的一系列经济活动。

2022 年，国务院印发《"十四五"数字经济发展规划》，并认为数字经济是以数据资源为关键要素，以现代信息网络为主要载体，以信息通信技术融合应用、全要素数字化转型为重要推动力，促进公平与效率更加统一的新经济形态。此处的"信息通信技术融合应用"，主要为互联网和 ABCDI 等新一代数字技术的融合应用。我们认为，国务院的界定与学界、业界的理解相同，简单讲，数字经济就是互联网和 ABCDI 等新一代数字技术与经济深度融合的产物。根据中国信通院 2022 年 7 月发布的《中国数字经济发展报告（2022

年）》，在 2021 年，中国数字经济的发展现状有如下五个特征。

（1）数字经济作为国民经济的"稳定器""加速器"作用更加凸显。2021 年，我国数字经济发展取得新突破，数字经济规模达到 45.5 万亿元，同比名义增长 16.2%，高于同期 GDP 名义增速 3.4 个百分点，占 GDP 比重达到 39.8%，数字经济在国民经济中的地位更加稳固，支撑作用更加明显。

（2）数字产业化基础实力持续巩固。2021 年，我国数字产业化规模达到 8.4 万亿元，同比名义增长 11.9%，占 GDP 比重为 7.3%，与上年基本持平。其中，ICT 服务部分在数字产业化方面的主导地位更加巩固，软件产业和互联网行业在其中的占比持续小幅提升。

（3）产业数字化发展进入加速轨道。2021 年，我国产业数字化规模达到 37.2 万亿元，同比名义增长 17.2%，占 GDP 比重为 32.5%。各行各业已充分认识到发展数字经济的重要性，工业互联网成为制造业数字化转型的核心方法论，服务业数字化转型持续活跃，农业数字化转型初见成效。

（4）数字化治理体系正在构建。我国数字化治理正处于从用数字技术治理到对数字技术治理，再到构建数字经济治理体系的深度变革中。数字政府建设速度加快，新型智慧城市建设稳步推进。

（5）数据价值挖掘的探索更加深入。基于数据采集、标注、分析、存储等全生命周期价值管理链的数据资源化进程不断深化。数据资产化探索逐步深化，数据确权在顶层规划中有序推进，数据定价、交易流通等重启探索，迎来新一轮建设热潮。

二、数字经济的驱动技术

（一）大数据

麦肯锡全球研究院认为，大数据是一种规模大到在获取、存储、管理、分析方面大大超出传统数据库软件工具能力范围的数据集合，具有海量的数据规模、快速的数据流转、多样的数据类型和低价值密度四大特征。发展至今，大数据被应用在各行各业，不断驱动着行业发展，促使业务转型升级，推进企业的数字化转型。

整体来看，大数据技术的发展可以分为以下四个阶段。

第一阶段（2012年前）：数据仓库。企业数据构建在关系型数据库上，如Oracle、MySQL，但关系型数据库已经无法支撑大规模数据集的存储和分析。

第二阶段（2012—2015年）：大数据分析平台。一线互联网公司纷纷使用Hadoop技术栈来构建企业大数据分析平台，千人千面的推荐系统、精准定向程序化交易的广告系统、互联网征信、大数据风控系统等开始出现。

第三阶段（2015—2018年）：业务数据化（BI与数据可视化）。Spark技术框架成熟，解决了流式（实时）计算的问题。在技术迭代下，BI与数据可视化能够帮助企业进行数据分析，以实现商业价值或完成风险分析。

第四阶段（2018年至今）：业务智能化（知识图谱和数据智能）。Flink技术在中国市场落地，数据应用走向智能化，辅助企业进行决策。大数据在金融行业的应用场景越来越广泛：风控、运营、投资、营销，金融机构在数字化和智能化改革上逐步进入深水区。

（二）人工智能

自1956年达特茅斯会议首次提出"人工智能"以来，人工智能便进入了漫长的技术积累阶段。2013年，深度学习算法在语音和视觉识别率上获得突破性进展。2014年，微软亚洲研究院发布人工智能聊天机器人和语音助手Cortana，百度发布Deep Speech语音识别系统。2018年，联合国发布《发展4.0：自动化和AI为亚洲可持续发展带来的机遇与挑战》，1年后，谷歌量子霸权研究的一篇论文登上 *Nature*，清华大学施路平团队研发的"天机芯"AI芯片发布，人工智能企业如雨后春笋般不断出现。深度学习算法的技术突破使人工智能的发展走上了快车道，如今AI技术已经成为众多电子设备的标配。人工智能技术的发展可分为三个阶段（见表1-1）。

表 1-1　　　　　　　　　　　　人工智能发展历程

阶段	发展时期	事件
第一阶段	人工智能起步期	1956 年，达特茅斯会议提出"人工智能"
		1957 年，罗森布拉特发明第一款神经网络模型"感知机"（Perceptron）
第二阶段	机器学习期	1970 年，算力突破受限，机器未能完成大数据训练
		1986 年，BP 算法出现，大规模神经网络训练成为可能
		2000 年，DARPA 人工智能计算机研发失败，政府投入缩减
第三阶段	深度学习期	2013 年，深度学习算法取得突破，语音和视觉识别率分别达到 99% 和 95%
		2016 年，AlphaGo 战胜围棋世界冠军李世石
		2018 年，联合国发布《发展 4.0：自动化和 AI 为亚洲可持续发展带来的机遇与挑战》

资料来源：零壹智库。

（三）云计算

云计算（Cloud Computing）的概念在 2006 年 8 月的搜索引擎大会上首次出现。当时，Google 首席执行官埃里克·施密特（Eric Schmidt）在会上首次提出这一概念。但在 20 世纪，云计算已经有了雏形。1958—1999 年，虚拟化、网格、分布式、并行等技术不断成熟，为后期云计算的发展打下了基础。之后，SaaS/IaaS 开始出现，云计算也逐渐成为信息技术产业发展的战略重点，全球的信息技术企业纷纷向云计算转型。

云计算的概念被提出后，引发了互联网技术和 IT 服务的变革。云计算得到了大力发展，三种云计算形式——公有云、私有云和混合云出现，IT、电信、互联网等行业不断发展云服务。随着云计算的技术迭代，功能种类逐渐完善，传统企业逐步上云。

从发展历程上看，中国云计算经历了 2006 年至 2010 年的形成期、2010 年至 2015 年的发展期以及 2015 年至 2020 年的应用期，现在已经进入成熟期。IDC 中国助理研究总监刘丽辉在接受采访时表示，2021 年是中国云计算产业发展的一个重要分水岭。2021 年以前的云计算主要承载不断激增的移动、媒体和社交数据的存储、管理和分析；2021 年以后的云计算将成为企业数字化优先战略的核心，深入企业的管理和业务层面，发挥其对企业业务效率提升和业务创新的价值。[①]

在市场份额方面，根据调研机构 Canalys 发布的《2022 年第一季度中国云计算市场报告》，由阿里云、华为云、腾讯云和百度智能云组成的"中国四朵云"市场份额占比达到 78.8%，继续占据云市场主导地位。其中，阿里云占比 36.7%，腾讯云占比 15.7%。中国大陆云基础设施服务支出同比增长 21%，达到 73 亿美元，领跑全球云服务市场的增长。另外，IDC 发布的《中国公有云服务市场（2021 下半年）跟踪》报告显示，未来 5 年，预计中国公有云市场会以 30.9% 的复合增长率继续高速增长，2026 年将达到 1057.6 亿美元。

云计算的三大服务形式和服务内容如表 1-2 所示。

表 1-2　　　　　　　　云计算的三大服务形式和服务内容

服务形式	服务内容
IaaS （Infrastructure-as-a-Service）	基础设施即服务，消费者通过 Internet 可以从完善的计算机基础设施获得服务。IaaS 是把数据中心、基础设施等硬件资源通过 Web 分配给用户的商业模式
PaaS （Platform-as-a-Service）	平台即服务，指将软件研发的平台作为一种服务，以 SaaS 的模式提交给用户。因此，PaaS 也是 SaaS 模式的一种应用。PaaS 的出现可以加快 SaaS 的发展，尤其是加快 SaaS 应用的开发速度。PaaS 服务使软件开发人员可以在不购买服务器等设备环境的情况下开发新的应用程序
SaaS （Software-as-a-Service）	软件即服务，通过 Internet 提供软件的模式，用户无须购买软件，而是向提供商租用基于 Web 的软件，来管理企业经营活动。SaaS 模式大大降低了软件，尤其是大型软件的使用成本，并且由于软件是托管在服务商的服务器上，减少了客户的管理维护成本，可靠性也更高

资料来源：零壹智库。

---

① 中国网联盟中国，《云计算：开启新一轮黄金发展期》，http：//union. China. com. cn/cmdt/txt/ 2021-12/22/content_41830898. html。

（四）区块链

2008 年，中本聪发表《比特币：一种点对点的电子现金系统》，标志着区块链概念的诞生。

区块链技术是一种分布式数据存储技术，可以让数据存储在多个节点上，而不是集中在一个位置。这样的分布式存储架构可以有效地防止数据泄露和篡改。

由于区块链的去中心化特性，它可以被应用于不同领域，如金融、物流、医疗保健、能源、工业生产、政府机关等。此外，区块链还具有很强的安全性能，因此还可以用于保障个人隐私或企业的数据安全。

区块链的发展大致可分为加密货币时代、智能合约时代、大规模应用时代三个阶段（见表1-3）。如今，区块链的发展日趋成熟，我国多个省份相继出台区块链专项发展政策、落地应用领域和场景，涉及金融、制造、民生、政务和通信等多个方向。

表 1-3　　　　　　　　　　　　　区块链发展历程

时间	阶段	事件
2008—2013 年	加密货币时代	中本聪发表《比特币：一种点对点的电子现金系统》，标志着区块链概念的诞生
		比特币网络正式上线
		现实世界第一笔比特币交易，由程序员 Laszlo Hanyecz 完成，他以 1 万 BTC 购买了两个 Papa John 比萨（约合 25 美元）
		Litecoin 发布
		以太坊（ETH）项目开启
2014—2017 年	智能合约时代	去中心化自治组织（DAO）诞生
		以太坊遭遇黑客攻击，发生硬分叉，出现以太坊经典（ETC）、以太坊并行的情况，两条链各自代表不同的社区共识和价值观
		比特币分叉为 BTH 和 BTC，BTH 开始支持智能合约

时间	阶段	事件
2014—2017 年	智能合约时代	工信部发布《中国区块链技术和应用发展白皮书》
		中国人民银行在北京召开数字货币研讨会，重点部署数字货币和区块链研究
2018—2022 年	大规模应用时代	欧盟政府承诺出资 3 亿美元开发区块链项目
		Facebook 发布《Libra 白皮书》
		美国参议院举行听证会"审查数字货币和区块链的监管框架"
		截至 2019 年 11 月，3000 多个 DApp（去中心化应用程序）被创建，其中 2700 个建立在以太坊上

资料来源：零壹智库。

（五）物联网

物联网的概念最早出现于比尔·盖茨 1995 年创作的《未来之路》一书，《未来之路》中，比尔·盖茨已经提及物联网概念，然而当时无线网络、硬件及传感设备处于起步阶段，并未引起世人的重视。从通信对象和过程来看，物与物、人与物之间的信息交互是物联网的核心。物联网的基本特征可概括为整体感知、可靠传输和智能处理。物联网能够将各种信息传感设备与网络结合起来而形成一个巨大网络，实现任何时间、任何地点下人、机、物的互联互通。

物联网的发展历程如表 1-4 所示。

表 1-4　　　　　　　　　　物联网的发展历程

时间	事件
1995 年	比尔·盖茨在《未来之路》一书中提及物联网概念
1998 年	美国麻省理工学院创造性地提出了当时被称作 EPC（电子产品代码）系统的物联网的构想

时间	事件
1999 年	美国 Auto-ID（自动识别中心）首先提出物联网的概念，主要是建立在物品编码、RFID（射频识别）技术和互联网的基础之上。同年，在美国召开的移动计算和网络国际会议中提出，"传感网（即物联网）是下一个世纪人类面临的又一个发展机遇"
2003 年	美国科技商业杂志《技术评论》提出，传感网络技术将是未来改变人们生活的十大技术之首
2005 年	在突尼斯举行的信息社会世界峰会（WSIS）上，国际电信联盟（ITU）发布了《ITU 互联网报告 2005：物联网》，正式提出了物联网的概念
2021 年	中国互联网协会发布了《中国互联网发展报告（2021）》，2020 年物联网市场规模达到 1.7 万亿元，人工智能市场规模达到 3031 亿元 工信部等八部门印发《物联网新型基础设施建设三年行动计划（2021—2023 年）》，明确到 2023 年年底，在国内主要城市初步建成物联网新型基础设施，社会现代化治理、产业数字化转型和民生消费升级的基础更加稳固

资料来源：零壹智库。

三、数字经济发展相关支持政策

中国数字经济高速增长，国家层面的数字经济政策的驱动是重要原因之一。2005 年，《国务院办公厅关于加快电子商务发展的若干意见》发布，规范了电子商务发展。2015 年，中国提出"国家大数据战略"。2017 年，"数字经济"一词首次出现在政府工作报告中。此后，有关数字经济发展的相关政策不断深化和落地。

2021 年，数字经济政策持续发力，《中华人民共和国国民经济和社会发展第十四个五年规划和 2035 年远景目标纲要》和政府工作报告均在大力推动数字经济的发展。2022 年年初，国务院印发《"十四五"数字经济发展规划》，提出以数据为关键要素，以数字技术与实体经济深度融合为主线，加强数字基础设施建设，完善数字经济治理体系，协同推进数字产业化和产业数字化，赋能传统产业转型升级，培育新产业新业态新模式，不断做强做优做大我国数字经济，为构建数字中国提供有力支撑。

2017—2022 年中国数字经济发展的相关政策汇总如表 1-5 所示。

表 1-5　　　2017—2022 年中国数字经济发展的相关政策汇总

年份	报告/会议/政策	相关内容
2017	2017 年政府工作报告	推动"互联网+"深入发展、促进数字经济加快成长，让企业广泛受益、群众普遍受惠。这是"数字经济"首次被写入政府工作报告
	党的十九大报告	加快建设制造强国，加快发展先进制造业，推动互联网、大数据、人工智能和实体经济深度融合
	中共中央政治局第二次集体学习	习近平总书记强调，要推动大数据技术产业创新发展，要构建以数据为关键要素的数字经济，要运用大数据提升国家治理现代化水平，要运用大数据促进保障和改善民生，要切实保障国家数据安全
2018	2018 年政府工作报告	加大网络提速降费力度，实现高速宽带城乡全覆盖，扩大公共场所免费上网范围，明显降低家庭宽带、企业宽带和专线使用费，取消流量"漫游"费，移动网络流量资费年内至少降低 30%，让群众和企业切实受益，为数字中国、网络强国建设加油助力
2019	《国务院办公厅关于促进平台经济规范健康发展的指导意见》	适应产业升级需要，推动互联网平台与工业、农业生产深度融合，提升生产技术，提高创新服务能力，在实体经济中大力推广应用物联网、大数据，促进数字经济和数字产业发展，深入推进智能制造和服务型制造
	《国家数字经济创新发展试验区实施方案》	浙江省、河北省（雄安新区）、福建省、广东省、重庆市、四川省等试验区要坚持以深化供给侧结构性改革为主线，结合各自优势和结构转型特点，在数字经济要素流通机制、新型生产关系、要素资源配置、产业集聚发展模式等方面开展大胆探索，充分释放新动能

年份	报告/会议/政策	相关内容
2020	《关于构建更加完善的要素市场化配置体制机制的意见》	推进政府数据开放共享。提升社会数据资源价值。培育数字经济新产业、新业态和新模式。加强数字资源整合和安全保护
	《关于推进"上云用数赋智"行动　培育新经济发展实施方案》	大力培育数字经济新业态，深入推进企业数字化转型，打造数据供应链，以数据流引领物资流、人才流、技术流、资金流，形成产业链上下游和跨行业融合的数字化生态体系，构建设备数字化—生产线数字化—车间数字化—工厂数字化—企业数字化—产业链数字化—数字化生态的典型范式
2021	《中华人民共和国国民经济和社会发展第十四个五年规划和2035年远景目标纲要》	迎接数字时代，激活数据要素潜能，推进网络强国建设，加快建设数字经济、数字社会、数字政府，以数字化转型整体驱动生产方式、生活方式和治理方式变革
	2021年政府工作报告	加快数字化发展，打造数字经济新优势
2022	《"十四五"数字经济发展规划》	以数据为关键要素，以数字技术与实体经济深度融合为主线，加强数字基础设施建设，完善数字经济治理体系，协同推进数字产业化和产业数字化，赋能传统产业转型升级，培育新产业新业态新模式，不断做强优做大我国数字经济，为构建数字中国提供有力支撑
	2022年政府工作报告	促进数字经济发展。加强数字中国建设整体布局。建设数字信息基础设施，逐步构建全国一体化大数据中心体系，推进5G规模化应用，促进产业数字化转型，发展智慧城市、数字乡村。加快发展工业互联网。培育壮大集成电路、人工智能等数字产业，提升关键软硬件技术创新和供给能力。完善数字经济治理，培育数据要素市场，释放数据要素潜力，提高应用能力，更好赋能经济发展、丰富人民生活

资料来源：零壹智库。

四、中国数字经济发展指数水平

党的十八大以来，党中央高度重视发展数字经济，将其上升为国家战略。习近平总书记在第二届世界互联网大会开幕式上的讲话中指出，实施网络强国战略、国家大数据战略……拓展网络经济空间，促进互联网和经济社会融合发展。党的十九大提出，推动互联网、大数据、人工智能和实体经济深度融合，建设数字中国、智慧社会。《中共中央关于制定国民经济和社会发展第十四个五年规划和二〇三五年远景目标的建议》中提出，发展数字经济，推进数字产业化和产业数字化，推动数字经济和实体经济深度融合，打造具有国际竞争力的数字产业集群。

目前，中国数字经济规模已经连续多年位居世界第二。特别是新冠疫情暴发以来，数字技术、数字经济在支持抗击疫情、恢复生产生活方面发挥了重要作用。在重点分析各地区数字经济发展情况的基础上，工业和信息化部电子第五研究所与零壹智库共同发布了《中国数字经济发展指数报告（2022）》，以此观察各地区的数字经济发展指数情况。

（一）全国数字经济指数增速远超 GDP

2013—2021 年，中国数字经济发展指数呈快速增长态势。以 2013 年为基准 1000 进行标准化，2021 年中国数字经济发展指数增长至 5610.60，8 年间增长了 4.61 倍，年复合增长率 24.06%。同期 GDP 指数增长了 64.27%，年复合增长率为 6.40%；人均 GDP 指数增长了 58.55%，年复合增长率为 5.93%。经检验，数字经济发展指数与 GDP 指数、人均 GDP 指数具有高度相关性，但数字经济发展指数的增速远超同期 GDP 指数和人均 GDP 指数的增速（见图 1-1）。

中国数字经济发展指数快速增长，与数字科技的投入与创新产出直接相关，其中包括资本投入、人才投入和创新产出等。

2012 年，党的十八大报告正式确立了创新驱动发展战略，自此中国步入创新发展的全新轨道。创新驱动发展战略实施以来，中国的重大创新成果竞

图 1-1　2013—2021 年全国（不含港澳台）数字经济发展
指数、GDP 指数及人均 GDP 指数

数据来源：《中国数字经济发展指数报告（2022）》。

相涌现，科技体制改革取得实质性突破，创新主体活力和能力持续增强，国家创新体系效能大幅提升，创新发展也促进了产业与数字相融合。我们可以从如下几个方面观察党的十八大以来中国创新水平的提升情况。

从创新投入看，一方面，R&D（研究与试验发展）投入呈上升趋势，2012 年中国 R&D 经费投入 10298.41 亿元，2020 年增长至 24393.10 亿元，增长了 136.86%；R&D 占 GDP 比重也由 2012 年的 1.91 上升至 2020 年的 2.40，上升了 25.65 个百分点（见图 1-2）。另一方面，研发人员数量持续递增，2012 年研究与试验发展人员全时当量 324.70 万人，2020 年扩大至 523.45 万人，8 年间扩大了 61.21%，形成了世界上规模最庞大的科技人才队伍。

从创新产出看，一方面，发明专利申请数不断增加。2012—2020 年，发明专利申请数从 652777 项增长至 1497159 项，增长了 129%；发明专利申请数占专利申请数比重也维持在约 30% 的高水平上。另一方面，发明专利申请授权数持续提升。2012 年发明专利申请授权数为 217105 项，2020 年增长至 530127 项，增长了 144%（见图 1-3）。

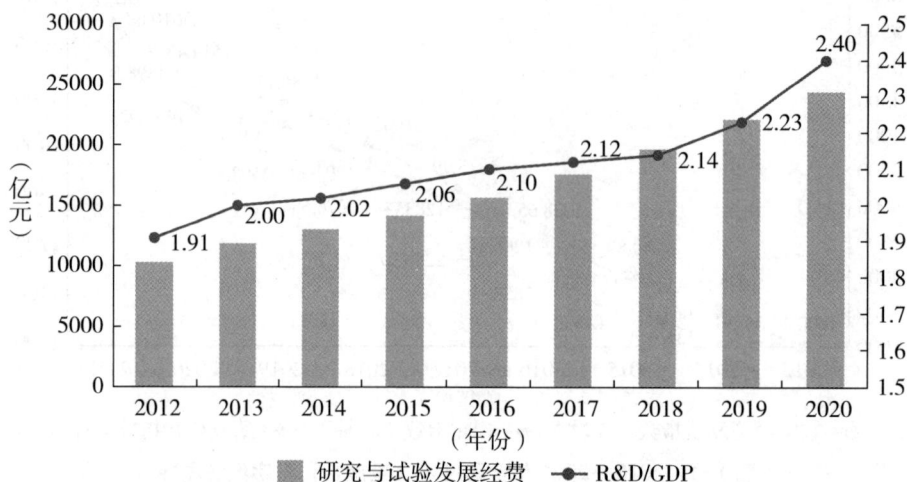

图 1-2　2012—2020 年中国研究与试验发展经费

数据来源：国家统计局。

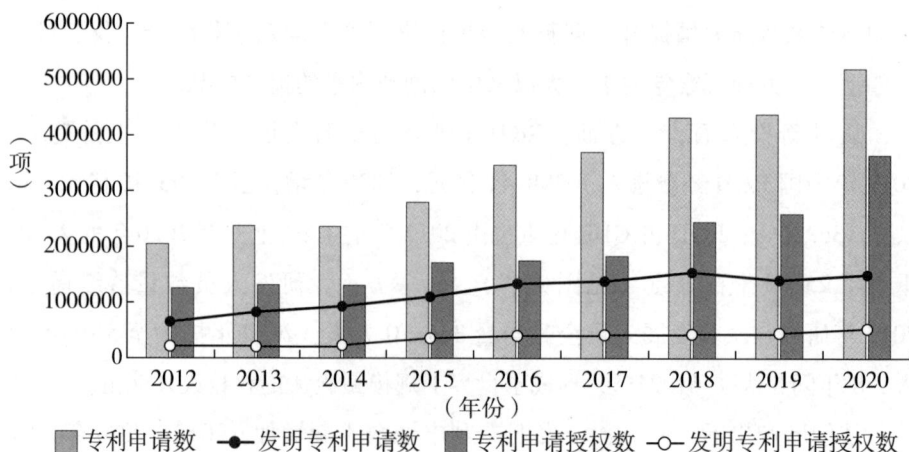

图 1-3　2012—2020 年发明专利申请数与授权数

数据来源：国家统计局。

（二）数字经济区域发展：东、中、西部各有特色

中国幅员辽阔，除港澳台外，31 个省份可划分为东部、中部和西部三大经济带。

发展不平衡是中国的基本国情，东、中、西部地区经济社会发展差异较大。基于东、中、西部地区经济社会发展差异等原因，1978年，党的十一届三中全会后，国家率先在深圳、珠海、汕头、厦门等东部城市设立经济特区，开启了改革开放。2000年，国务院成立了西部地区开发领导小组，启动了西部大开发；2006年12月8日，国务院常务会议审议并原则通过《西部大开发"十一五"规划》，西部大开发持续推进。2006年，《中共中央　国务院关于促进中部地区崛起的若干意见》印发实施；2016年，国务院批复同意《促进中部地区崛起"十三五"规划》；2021年，《中共中央　国务院关于新时代推动中部地区高质量发展的意见》印发。

经济社会发展的地域特性，是国家对东、中、西部地区实施差异化战略的原因之一。

1. 东部：引擎

东部地区数字经济发展指数从2013年的1218.34增长至2021年的7818.25，8年间增长了542%，2013—2021年数字经济发展指数的均值为3729.08（见图1-4）。东部是中国数字经济发展的引擎。

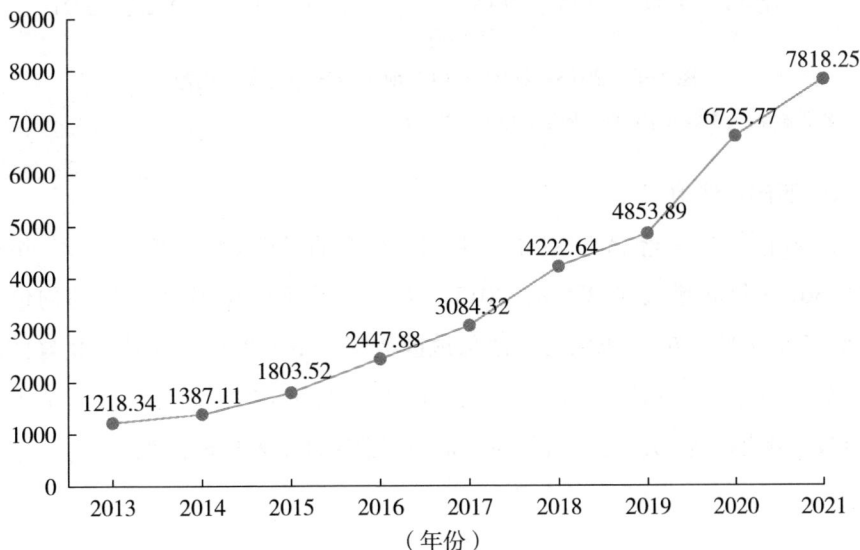

图1-4　2013—2021年东部地区数字经济发展指数

数据来源：《中国数字经济发展指数报告（2022）》。

2. 中部：桥梁

中部地区数字经济发展指数从 2013 年的 712.23 增长至 2021 年的 3066.77，8 年间增长了 331%，2013—2021 年数字经济发展指数的均值为 1598.77（见图 1-5）。中部地区在数字技术发展、数字人才储备等方面具有良好条件，中部地区数字经济的发展有助于增强东、中、西部数字经济的联动效应。

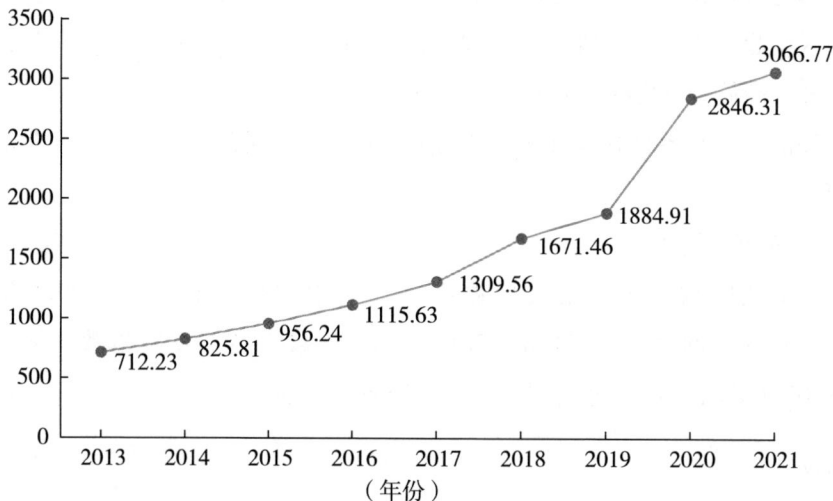

图 1-5　2013—2021 年中部地区数字经济发展指数

数据来源：《中国数字经济发展指数报告（2022）》。

3. 西部：洼地

西部地区数字经济发展指数从 2013 年的 755.04 增长至 2021 年的 2855.36，8 年间增长了 278%，2013—2021 年数字经济发展指数的均值为 1565.27（见图 1-6）。纵向看，西部地区数字经济发展指数保持了良好的增长态势。另外，西部地区在电力和人力成本（尤其是数字人才成本）等方面具有较大优势。本书认为，西部地区是中国数字经济发展的洼地。

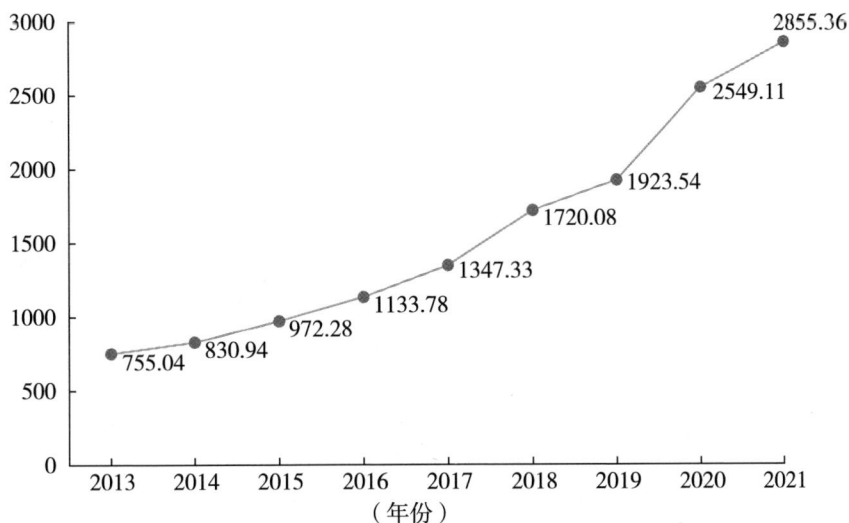

图 1-6　2013—2021 年西部地区数字经济发展指数

数据来源:《中国数字经济发展指数报告（2022）》。

参考文献

［1］《陆家嘴》，零壹智库：中国数字发展指数报告（2021）［R/OL］.（2022-04-02）［2022-05-30］. https：//www. 01caijing. com/article/317870. htm.

［2］中国信通院：中国数字经济发展报告（2022 年）［R/OL］.（2022-07-08）［2022-08-05］. https：//m. 163. com/dy/article/HBTBCRNC051187VR. html.

［3］国家网信办：数字中国发展报告（2021 年）［R/OL］.（2022-08-02）［2022-09-13］. https：//www. 01caijing. com/article/326048. htm.

［4］工业和信息化部电子第五研究所、零壹智库：中国数字经济发展指数报告（2022）［R/OL］.（2022-07-14）［2022-09-05］. https：//www. 01caijing. com/article/325333. htm.

第二章

数字科技投融资现状

一、股权投融资分析

(一) 总体分析

近年来，中国数字经济快速发展，作为数字经济主体的数字科技公司在一级市场上的股权融资①规模也迅速攀升。据零壹智库不完全统计，2019 年中国数字科技公司获得 2355 笔融资，公开披露的融资金额约为 2234.9 亿元。

受新冠疫情的影响，2020 年中国数字科技股权融资数量同比减少 21.7%，但披露的融资金额同比增长 26.5%，这说明资本热情未减，但资金流向更少的公司。2021 年融资数量和金额双双大增，达到 3462 笔和 6285.5 亿元，分别同比增长 87.8% 和 122.3%（见图 2-1）。

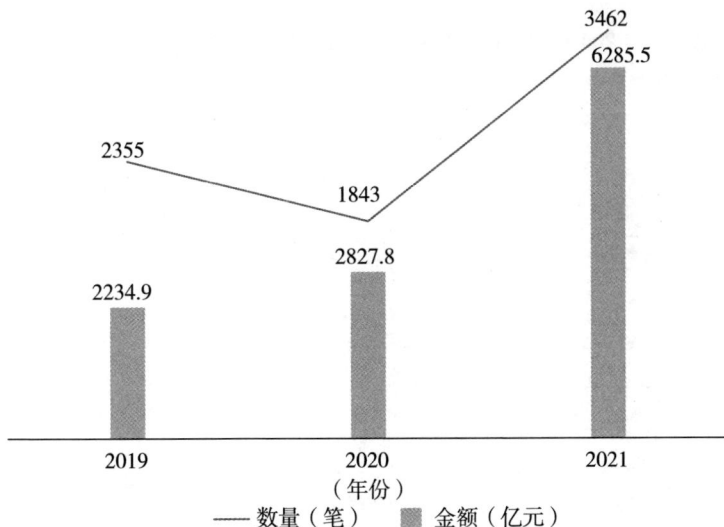

图 2-1　2019—2021 年中国数字科技股权融资数量及金额走势

数据来源：零壹智库。

———————————

① 如未特别说明，下文融资分析均指一级市场中的股权融资。

（二）金额区间分析

剔除未披露金额的融资项目，2019—2021 年数字科技公司单笔融资中位数由 2000 万元飙升至 6500 万元（见图 2-2）。2021 年单笔融资变化显著：数亿元区间融资数量飙升至 1060 笔，与千万元区间的融资数量基本持平；数亿元、千万元区间的融资数量分别同比增长 115% 及 55%；10 亿~50 亿元的融资数增长至 119 笔（见图 2-3）。

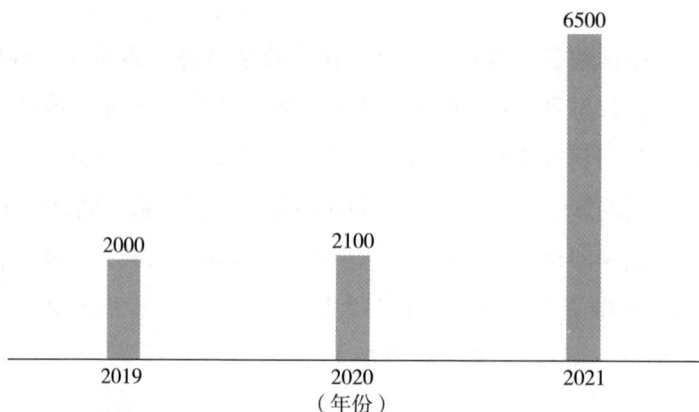

图 2-2　2019—2021 年中国数字科技股权融资金额中位数（万元）

数据来源：零壹智库。

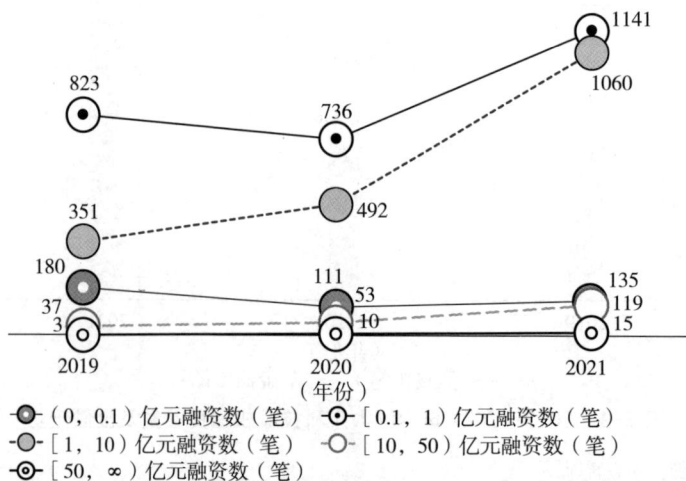

○─ （0，0.1）亿元融资数（笔）　　◉─ ［0.1，1）亿元融资数（笔）
○┈ ［1，10）亿元融资数（笔）　　○┈ ［10，50）亿元融资数（笔）
◉─ ［50，∞）亿元融资数（笔）

图 2-3　2019—2021 年中国数字科技股权融资数量走势（按单笔融资区间）

数据来源：零壹智库。

2021 年，亿元及以上融资数量飙升至 1195 笔，同比增长 115.3%；融资总额高达 5997.9 亿元，同比增长 126.7%（见图 2-4）。

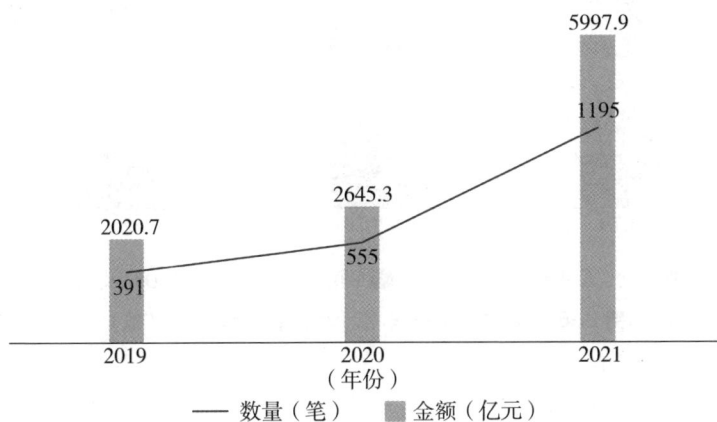

图 2-4 2019—2021 年亿元及以上融资数量和金额走势

数据来源：零壹智库。

（三）融资阶段分析

从融资阶段来看，整体比较活跃。种子/天使轮融资总额 2020—2021 年增长最快，2021 年同比增长 138%；A 轮融资数量在历年占比最高，2021 年同比增长 46%；C 轮、D 轮及以后融资数量和金额持续增长；资金主要流向 D 轮及以后融资，2021 年占比达 34%（见图 2-5，图 2-6）。

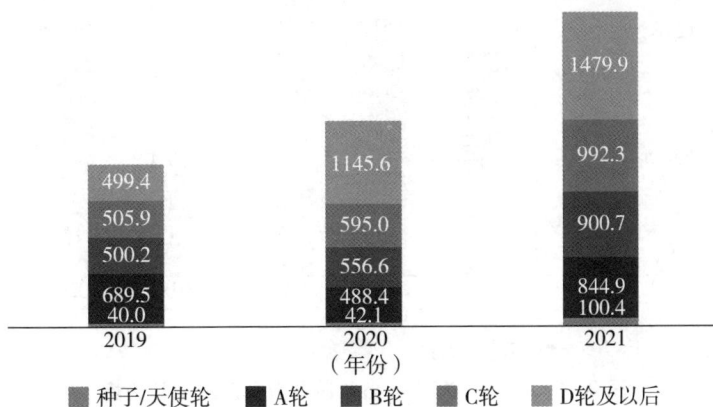

图 2-5 2019—2021 年各阶段融资金额分布（亿元）

数据来源：零壹智库。

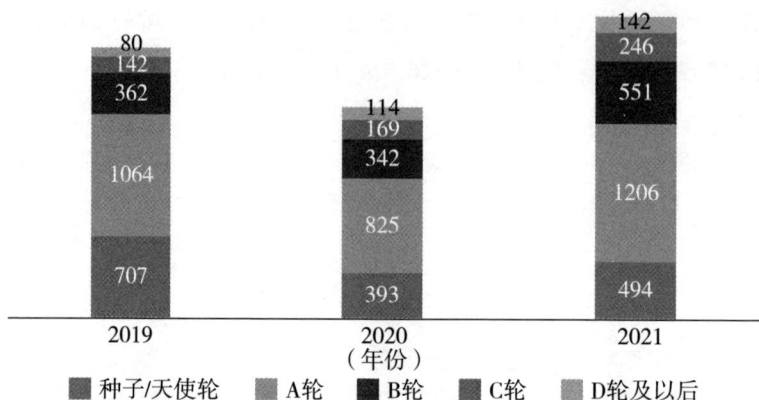

图 2-6　2019—2021 年各阶段融资数量分布（笔）

数据来源：零壹智库。

近三年中国数字科技领域股权融资数量主要集中在早期阶段。2021 年早期融资数量与 2019 年基本持平，但前者对应的融资金额较后者增加 29.6%，较 2020 年增加 78.2%。从公开披露的融资金额来看，中期融资势头依然强劲，2021 年中期融资达 1893.1 亿元，同比增长 64.4%（见图 2-7）。

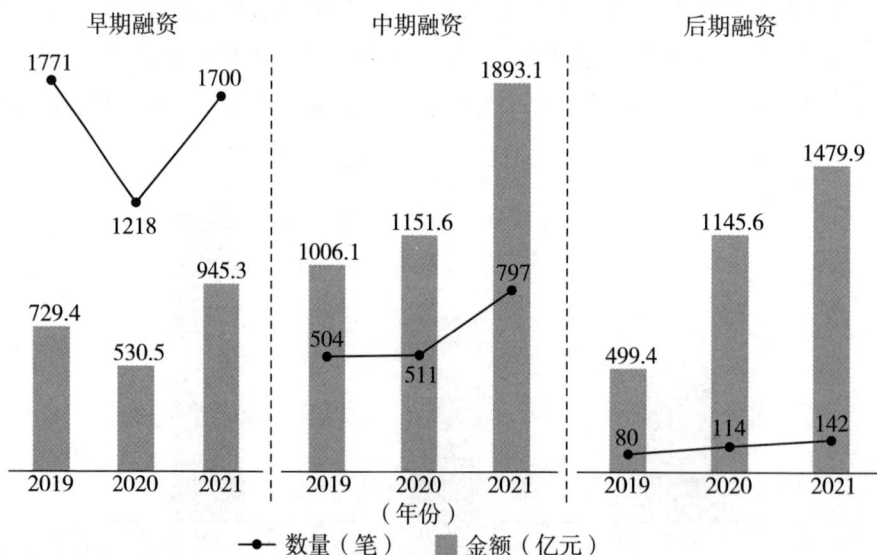

图 2-7　2019—2021 年各阶段融资数量及金额趋势

注：数据剔除战略融资；早期融资含股权众筹、天使轮/种子轮及 A 轮；中期融资含 B 轮及 C 轮；后期融资含 D 轮至 Pre-IPO 轮。

数据来源：零壹智库。

（四）所在区域分析

2021 年，北京地区的数字科技公司融资数量最多，为 826 笔，但披露的融资金额较上海少了将近 160 亿元。以上海为首的长三角地区及以广东为首的珠三角地区融资数量及金额基本排在前列。总的来看，融资规模较大的是北京和东南沿海地区；中部地区中湖南和四川表现较为抢眼（见图 2-8）。

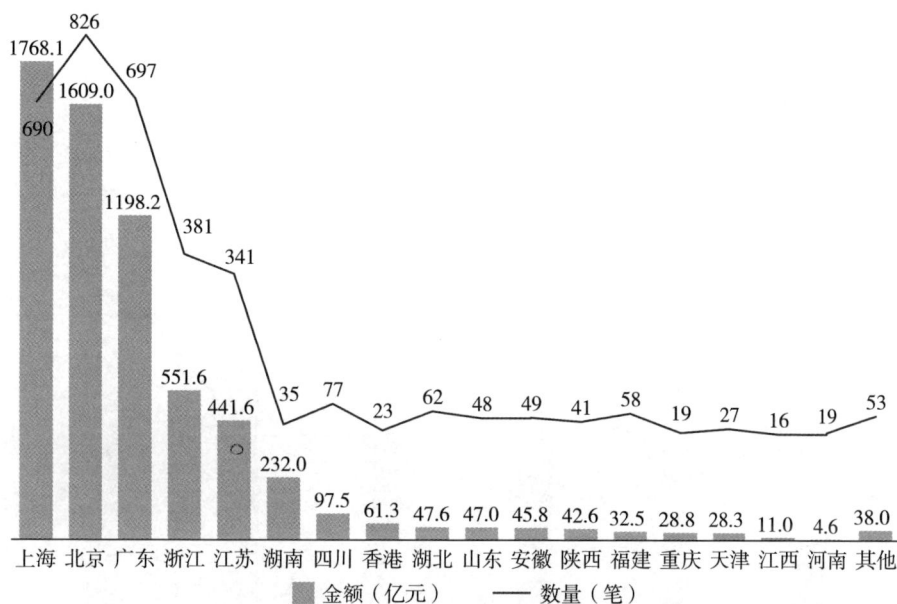

图 2-8　2021 年各地区融资金额及数量分布

数据来源：零壹智库。

按照融资活跃程度进行划分，中国数字科技融资活跃城市已逐渐形成三个梯队：以北京、上海为主的第一梯队，以深圳、杭州为主的第二梯队，以及以苏州、南京、广州和成都为主的第三梯队。第三梯队正在加速赶超，2021 年，南京及成都的融资总额同比增长均超 300%（见图 2-9）。

（五）融资频率分析

2019—2021 年，共有 5054 家数字科技公司获得融资，其中 1660 家公司获得两轮及以上融资，约占 32.8%。融资次数达到 5 次或更多的公司有 68

家，相当于平均每 7.2 个月就获得一轮融资（见图 2-10）。频繁融资意味着企业需要资本的持续输入或投资机构看好企业的未来而主动加码投资。

在自动驾驶领域，边缘人工智能芯片及解决方案服务商地平线 3 年完成 8 次融资，对应的融资总额超过 33 亿美元。其中，C 轮系列就多达 7 次，投资机构包括高瓴资本、云锋基金、君联资本等知名风投或产业基金，中字头的中信建投、上海人工智能产业基金、首钢基金、中金资本等，以及宁德时代、长城汽车、比亚迪、京东方等智能汽车产业链上的上市公司。

2019 年，地平线先后推出中国首款车规级 AI 芯片——征程 2、新一代 AIoT 智能应用加速引擎——旭日 2；2020 年推出新一代高效能车规级 AI 芯

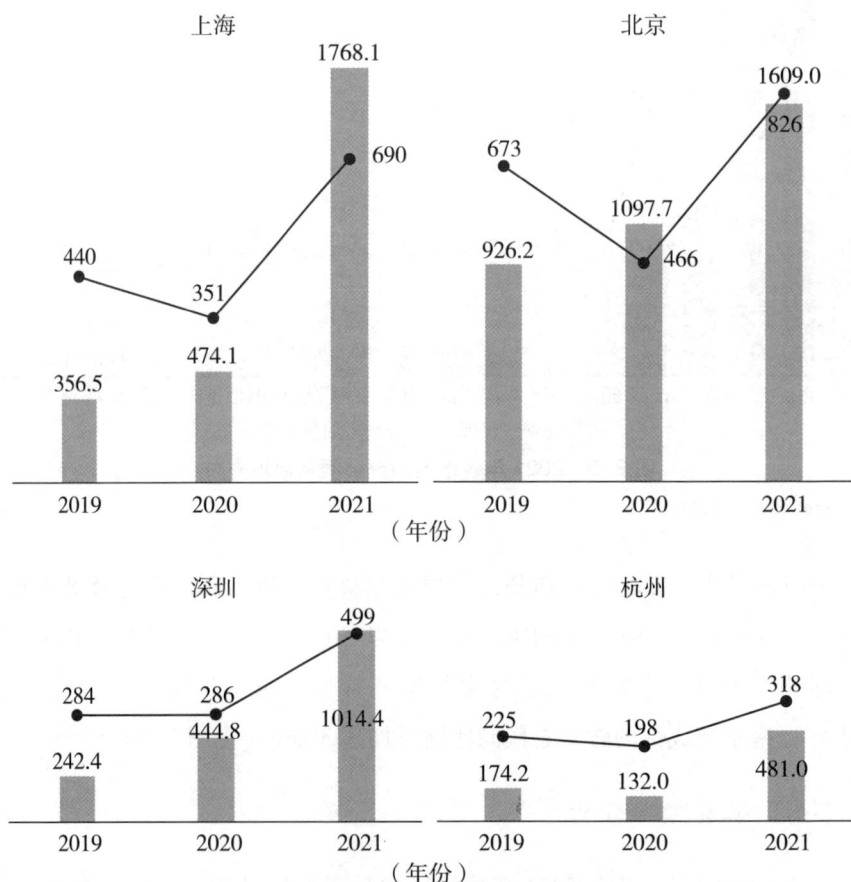

图 2-9 2019—2021 年主要城市数字科技融资数量及金额走势

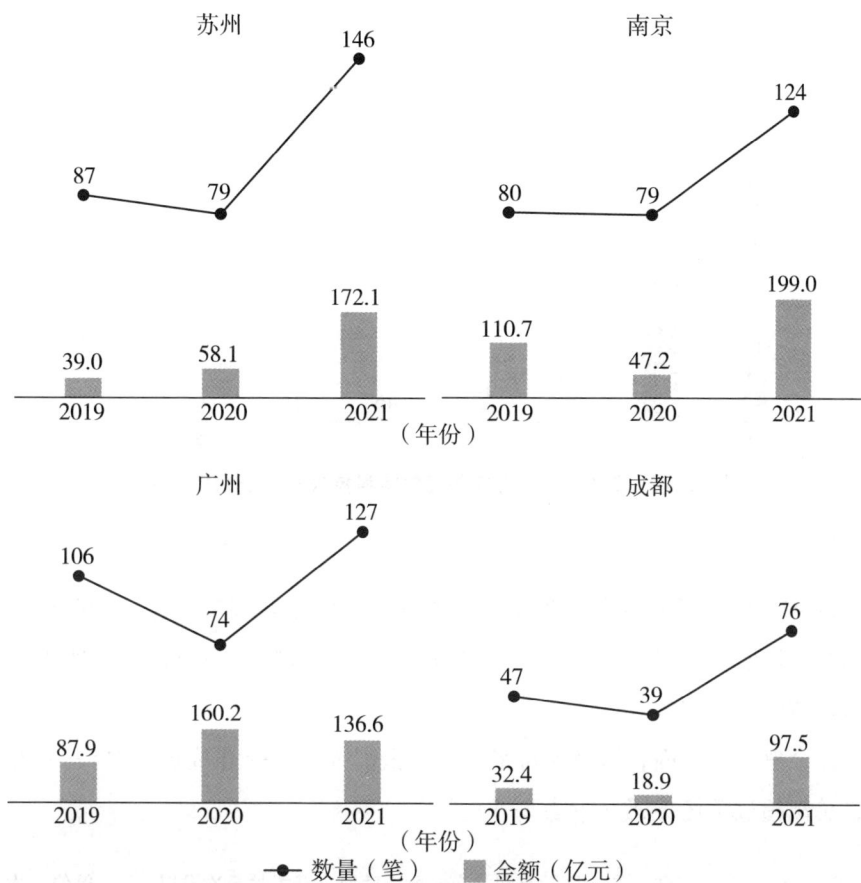

图 2-9 2019—2021 年主要城市数字科技融资数量及金额走势（续）

数据来源：零壹智库。

片——征程 3 和全新一代 AIoT 边缘 AI 芯片平台——旭日 3；2021 年 7 月推出业界第一款集成自动驾驶和智能交互于一体的全场景整车智能中央计算芯片——征程 5。目前，地平线已成为业界唯一能够提供从 L2 到 L4 全场景整车智能芯片方案的边缘人工智能平台型企业。

在 VR/AR 领域，VR/AR 光学模组供应商珑璟光电自 2019 年 6 月起连续获得 7 次 A—C 轮融资，总额约 2 亿元。珑璟光电的主要产品是阵列光波导和衍射光波导光学模组，是下一代信息技术智能终端设备（AR 眼镜、AR 头盔等）的核心器件，广泛应用于时尚、旅游、教育、医疗、应急救灾等领域。

在数字能源方面，能源数字化企业能链完成总额约 56 亿元的 6 次融资。

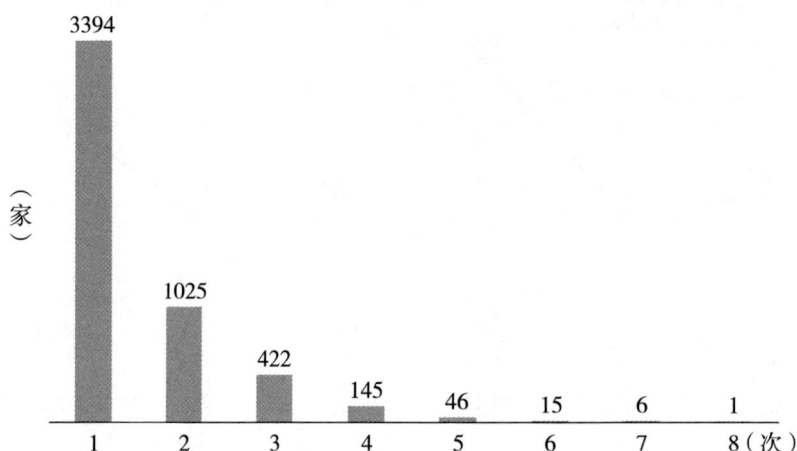

图 2-10 2019—2021 年获投数字科技公司融资频率分析

数据来源：零壹智库。

能链以 AI、SaaS 等产品与服务帮助加油站、充电站转型数字化，同时以可视化的物流运输、直供采购等方式，帮助其低成本采购、高效运营，实现能源零售环节的降本增效。

在金融科技方面，跨境支付平台空中云汇 Airwallex 也完成 6 次 C—E 轮融资，总额超过 7 亿美元（见表 2-1）。

表 2-1 2019—2021 年中国数字科技高频融资项目（获投达 5 次及以上）　单位：次

序号	企业	融资次数	地区	轮次	企业简介
1	地平线	8	北京	C+	人工智能算法芯片研发商
2	超材信息	7	北京	A+	动中通卫星天线及 5G 基站天线产品提供商
3	珑璟光电	7	深圳	C	VR/AR 光学模组供应商
4	同光晶体	7	保定	战略融资	半导体材料研发商
5	溪木源	7	广州	C	天然护肤品品牌
6	长扬科技	7	北京	E+	工业物联网安全服务提供商
7	能链	7	北京	E+	数字化出行能源开放平台
8	Airwallex	6	深圳	E+	全球跨境支付平台
9	爱泊车	6	张家口	战略融资	智慧泊车管理系统研发商

序号	企业	融资次数	地区	轮次	企业简介
10	度亘激光	6	苏州	C	半导体激光芯片研发商
11	滴普科技	6	北京	B	数字化服务平台
12	锅圈食汇	6	上海	D+	火锅烧烤食材供应商
13	火花思维	6	北京	E+	儿童思维训练教育在线平台
14	码牛科技	6	北京	D+	大数据采集与人工智能分析平台
15	科亚方舟	6	北京	D	互联网医疗云平台
16	商越科技	6	北京	B+	企业数字化采购解决方案提供商
17	趋动科技	6	北京	B+	AI 加速器虚拟化及资源池化服务商
18	十荟团	6	北京	D	美食社区电商平台
19	踏歌智行	6	北京	B+	ADAS 视觉感知终端和自动驾驶机器人研发商
20	小熊 U 租	6	深圳	战略融资	共享 IT 办公设备全产业链平台
21	芯华章	6	南京	Pre-B	EDA 智能工业软件级系统研发商
22	优艾智合	6	西安	B+	移动操作机器研发商
23	Weee!	5	上海	D	面向海外华人的社会化电商平台
24	Airdoc	5	北京	D	AI 医疗解决方案提供商
25	阿卡索	5	深圳	C+	英语口语在线培训平台
26	Stepone 基智科技	5	上海	战略融资	一站式智能营销获客平台
27	大界机器人	5	上海	B+	建筑机器人研发商
28	斗象科技	5	上海	D+	众包模式下漏洞发现与处理平台
29	创新奇智	5	青岛	D	人工智能商业解决方案提供商
30	感图科技	5	上海	B	计算机视觉技术及产品研发商
31	傅利叶智能	5	上海	C+	外骨骼机器人开发商
32	京微齐力	5	北京	战略融资	FPGA 芯片研发商
33	好朋友科技	5	赣州	战略融资	矿石分拣设备研发商
34	光惠激光	5	上海	战略融资	高功率光纤激光器研发商
35	健海科技	5	杭州	B+	AI 全病程管理解决方案服务商
36	航顺芯片	5	深圳	C	物联网集成芯片制造商
37	几何伙伴	5	上海	战略融资	自动驾驶技术研发商

序号	企业	融资次数	地区	轮次	企业简介
38	海柔创新	5	深圳	D	智能仓储研发商
39	乐禾食品	5	广州	E	生鲜食品及各类食材配送服务商
40	乐言科技	5	上海	D	人工智能客服服务提供商
41	蓝湖	5	北京	C+	设计图共享协作平台
42	梅卡曼德	5	北京	C+	工业机器人智能解决方案提供商
43	聚时科技	5	上海	A+	人工智能技术研发商
44	零犀科技	5	北京	战略融资	语音智能交互平台
45	灵动科技	5	北京	C	人工智能视觉 AMR 机器人研发商
46	齐感电子	5	上海	B	半导体技术研发商
47	品览智造	5	上海	A+	AI 场景营销服务商
48	瑞莱智慧	5	北京	战略融资	AI 行业应用服务提供商
49	锐石创芯	5	深圳	战略融资	射频器件供应商
50	文远知行 WeRide	5	广州	战略融资	汽车自动驾驶系统研发商
51	思灵机器人	5	北京	C	智能机器人系统研发商
52	深至科技	5	上海	C	人工智能超声技术开发商
53	望石智慧	5	北京	B+	人工智能驱动新药研发商
54	时萃 SECRE	5	广州	Pre-B	便携式精品咖啡订阅平台
55	万像文化	5	杭州	A+	虚拟偶像全栈式服务商
56	天易合芯	5	南京	战略融资	集成电路研发商
57	希迪智驾	5	长沙	B+	智能驾驶汽车技术研发商
58	先胜业财	5	上海	战略融资	业务财务一体化数据智能服务商
59	新美光	5	苏州	B+	半导体硅片研发生产商
60	晓多科技	5	成都	战略融资	辅助型智能对话机器人提供商
61	星药科技	5	深圳	B	人工智能药物研发商
62	圆心科技	5	北京	F	全周期医疗健康服务商
63	悦芯科技	5	合肥	战略融资	半导体测试设备研发商
64	中科原动力	5	北京	A	自动驾驶农机研发商
65	优地科技	5	深圳	C+	服务机器人解决方案提供商
66	影刀 RPA	5	杭州	B	机器人流程自动化服务商

序号	企业	融资次数	地区	轮次	企业简介
67	云途半导体	5	苏州	A	32bit 车规级 MCU 供应商
68	长木谷医疗	5	北京	B	AI 医疗产品研发商

数据来源：零壹智库。

（六）超级融资分析

我们将单笔融资大于或等于 50 亿元的融资称为超级融资，基于这一视角可以看到资本激战的焦点。数据显示，2019—2021 年 26 家数字科技公司获得 30 笔超级融资，集中于电商、物流、汽车及半导体领域（见表 2-2）。

数据中心领域拔得头筹。2019 年 11 月，腾龙控股与摩根士丹利亚洲、南山集团、开元城市发展基金、海通恒信、华能景顺罗斯等多家投资机构达成合作意向，A 轮融资签约金额高达 260 亿元，是 IDC 行业最高融资额。

社区电商和新能源车领域紧随其后。兴盛优选在 2021 年 2 月获得 30 亿美元战略投资，3 年融资总额超过 50 亿美元；以蔚来汽车和宝能汽车为代表的新能源汽车研发商获资本力捧，分别获得 20 亿美元和 120 亿元融资。

智能物流领域，以极兔速递、京东物流、货拉拉等为代表的物流服务商频频出现，京东物流更是于 2021 年 5 月在香港联交所上市。

半导体领域，以积塔半导体、集创北方和紫光展锐为代表的芯片研发商是投资热门之一。

恒大旗下的互联网科技服务商——房车宝虽斩获 2021 年单笔融资金额第二的成绩，但面对房地产行业的巨大震荡，房车宝山西公司解散，恒大爆雷也令目前房车宝的业务基本处于停滞状态。2021 年 4 月，喜马拉雅 FM 获 9 亿美元融资，2021 年 5 月向美国纳斯达克交易所递交招股书，随后又主动取消，2022 年 3 月重新递交招股书拟赴港上市，但至今未能成功上市。K12 巨头猿辅导 3 年融资 32 亿美元，但在教培新规和"双减"政策下，不得不由 C 转 B 或尝试新的业务。

表 2-2　2019—2021 年中国数字科技超级融资项目（单笔融资金额≥50 亿元）

序号	获投企业	地区	轮次	金额	披露日期	企业简介
1	腾龙控股	北京	A	260 亿元	2019-11-28	数据中心定制服务商
2	兴盛优选	长沙	战略融资	30 亿美元	2021-02-18	社区电商服务商
3	房车宝	深圳	战略融资	137.66 亿元	2021-03-29	互联网科技服务商
4	蔚来汽车	上海	战略融资	20 亿美元	2021-11-20	智能电动汽车研发商
5	宝能汽车	深圳	战略融资	120 亿元	2021-06-15	新能源汽车集团
6	极兔速递	上海	A	18 亿美元	2021-04-07	科技创新型互联网快递企业
7	作业帮	北京	E+	16 亿美元	2020-12-28	K12 在线学习平台
8	威马汽车	上海	D	100 亿元	2020-09-22	新能源汽车产品及出行方案提供商
9	苏宁金服	上海	C	100 亿元	2019-09-27	综合性金融服务提供商
10	宾理科技	北京	战略融资	100 亿元	2022-02-15	智能电动车生产商
11	京东物流	北京	Pre-IPO	119 亿港元	2021-05-17	物流及快递配送服务商
12	东久新宜	上海	战略融资	超 15 亿美元	2021-12-16	新经济基础设施投资者及服务运营商
13	地平线	北京	C+	15 亿美元	2021-06-10	人工智能算法芯片研发商
14	货拉拉	深圳	F	15 亿美元	2021-01-20	同城货运 O2O 服务平台
15	理想汽车	北京	Pre-IPO	14.73 亿美元	2020-07-25	智能新能源汽车研发商
16	苏宁易购	南京	战略融资	88 亿元	2021-07-05	综合网上购物平台
17	积塔半导体	上海	战略融资	80 亿元	2021-11-30	半导体芯片研发商
18	猿辅导	北京	战略融资	12 亿美元	2020-08-31	在线辅导平台
19	华大智造	深圳	B	10 亿美元	2020-05-28	基因测序仪、配套试剂及耗材研发商
20	京东健康	香港	A	10 亿美元	2019-11-15	医疗健康服务平台
21	猿辅导	北京	G+	10 亿美元	2020-10-21	在线辅导平台

序号	获投企业	地区	轮次	金额	披露日期	企业简介
22	猿辅导	北京	G	10 亿美元	2020-03-31	在线辅导平台
23	集创北方	北京	E	超 65 亿元	2021-12-15	芯片系统解决方案提供商
24	云网万店	深圳	A	60 亿元	2020-11-30	电商全场景融合交易服务商
25	喜马拉雅	上海	F	9 亿美元	2021-04-01	音频分享网络电台平台
26	京东健康	香港	B	8.3 亿美元	2020-08-17	医疗健康服务平台
27	紫光展锐	上海	战略融资	53.5 亿元	2021-04-02	泛芯片供应商
28	达达集团	上海	战略融资	8 亿美元	2021-03-23	同城配送服务商
29	兴盛优选	长沙	C+	8 亿美元	2020-07-22	社区电商服务商
30	天际汽车	绍兴	B	50 亿元	2020-10-13	新能源汽车研发商

数据来源：零壹智库。

二、并购分析

2019—2021 年，中国数字科技领域共发生 596 笔并购交易，数量呈逐年上升趋势，但增幅相对较小。其中，2021 年并购交易为 222 笔，同比增长约 15.6%（见图 2-11）。从所属区域来看，北京被并购的数字科技公司最多，共 148 家，但受新冠疫情等因素影响，并购数量逐年走低，2020 年和 2021 年分别仅有 42 家和 39 家；上海并购交易数持续走高，但增幅不明显；深圳则基本呈持平态势（见图 2-12）。

596 笔并购交易中，披露交易金额的仅占 44.5%。交易金额前三的领域分别为直播、跨境电商和 VR/AR 平台：2020 年 11 月，百度宣布全资收购欢聚集团国内直播业务（YY 直播），交易金额约为 36 亿美元；2019 年 9 月，阿里巴巴宣布以 20 亿美元收购跨境海淘电商平台网易考拉；2021 年 8 月，VR 一体机品牌商 PICO VR 披露该公司被字节跳动收购，据媒体报道交易价格在 90 亿元以上。

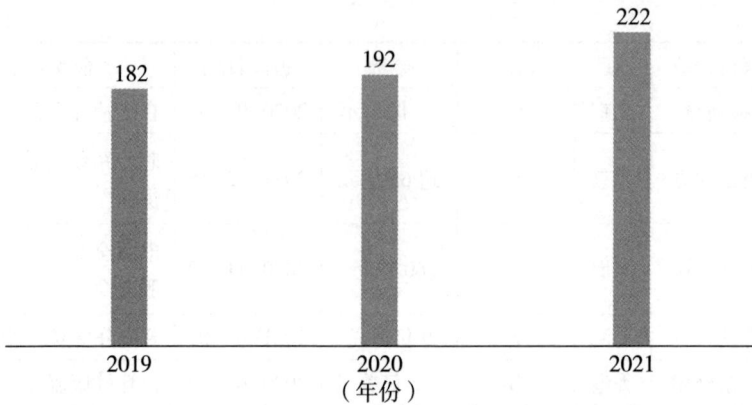

图 2-11 2019—2021 年中国数字科技并购数量走势（笔）

数据来源：零壹智库。

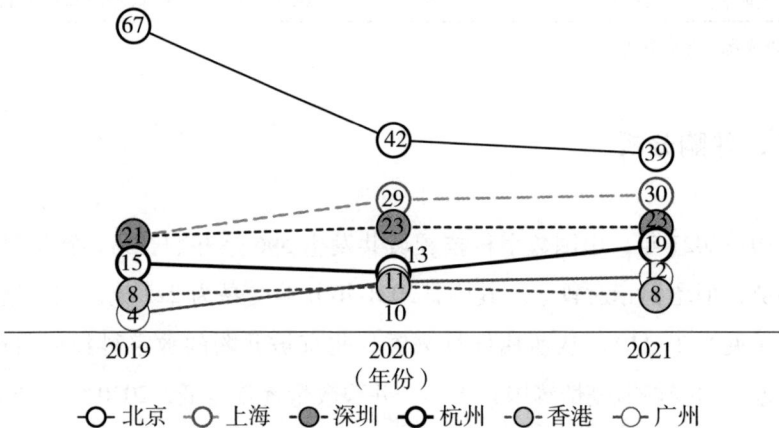

○ 北京　◇ 上海　● 深圳　◎ 杭州　- 香港　○ 广州

图 2-12 2019—2021 年数字科技交易活跃城市并购数量（家）

数据来源：零壹智库。

腾讯则牵头收购了易车网：2020 年 6 月，易车网同意腾讯控股（HKEX：00700）领导的一家投资集团提出的 11 亿美元收购要约。如表 2-3 所示，该笔交易排在第五位。2021 年 8 月 25 日，小米发布公告称同意收购汽车自动驾驶解决方案提供商 DeepMotion Tech 71.16% 的普通股股权，总代价为 6247 万美元。此前在 8 月 3 日，小米已经同意收购该公司 28.84% 的优先股股权，总代价为 1490 万美元。

此外，阿里还收购了客如云、友品购购、美味不用等三家数字零售平台，以及仓储管理服务提供商心怡科技；腾讯收购短视频编辑应用研发商 VUE，以及智能平台纳实大数据（智能分析应用）、三角兽科技（智能交互系统）和智影（智能视频制作）；百度收购智能手机应用云平台红手指和私有云解决方案服务提供商云途腾。除了 PICO VR，字节跳动还收购了 14 家数字科技公司，涉及数字医疗、第三方支付、在线教育、远程办公等领域。

表 2-3　2019—2021 年中国数字科技并购交易 TOP30（按交易金额降序排列）

序号	被并购方	地区	日期	交易金额	企业简介	并购方
1	欢聚时代	广州	2020-11	36 亿美元	互联网语音视频平台	百度
2	考拉海购	杭州	2019-09	20 亿美元	跨境海淘电商平台	阿里巴巴
3	PICO VR	青岛	2021-08	90 亿元	VR 一体机品牌商	字节跳动
4	矽成半导体	北京	2019-11	72 亿元	集成电路存储器及其相关器件供应商	北京君正
5	易车网	北京	2020-06	11 亿美元	汽车互联网企业	腾讯投资
6	济南富能	济南	2021-08	50 亿元	半导体公司	比亚迪
7	文思海辉	北京	2020-01	7.5 亿美元	IT 服务与解决方案商	中国电子
8	百草味	杭州	2020-02	7.05 亿美元	坚果零食电商品牌	PepsiCo
9	万里红	北京	2021-02	29.8 亿元	电子政务服务提供商	东方中科
10	浙农控股	杭州	2019-09	26.67 亿元	农业综合服务机构	华通医药
11	金云科技	深圳	2020-05	25 亿元	互联网数据中心服务商	爱司凯
12	和谐光电	金华	2019-09	19.6 亿元	光电材料及半导体芯片的技术研发生产商	天津海华
13	紫光云数	天津	2020-12	19.09 亿元	云服务提供商	紫光股份
14	众赢维融	广州	2020-04	19.09 亿元	网络技术研究与开发商	考拉基金
15	德淮半导体	淮安	2021-08	16.66 亿元	CIS 芯片服务商	荣芯半导体
16	易佰网络	深圳	2019-09	15.1 亿元	跨境电商平台	华凯创意
17	热云数据	北京	2021-04	15 亿元	第三方移动大数据平台	汇量科技
18	TCL 通讯	香港	2020-06	15 亿元	互联网移动终端服务提供商	TCL 电子

续 表

序号	被并购方	地区	日期	交易金额	企业简介	并购方
19	华佗药房	张家口	2021-08	14.28亿元	网上药店服务平台	老百姓大药房
20	雪松智联科技	广州	2021-01	13.16亿元	智慧城市生活服务商	合景悠活
21	顾邦科技	台湾	2021-09	54亿新台币	半导体制造商	台联电
22	烽火众智	武汉	2019-03	11.2亿元	信息通信领域综合解决方案和服务提供商	长江通信
23	卡替生物	上海	2020-04	12亿港元	细胞免疫治疗服务提供商	亚洲杂货
24	天天洗衣	广州	2020-04	9.5亿元	洗衣O2O服务平台	泰笛科技
25	国控天和	长春	2019-10	9.34亿元	大型医药流通企业	国药一致
26	欧飞网	南京	2019-10	9.3亿元	分销系统及服务提供商	旗天科技
27	北京泰豪	北京	2019-10	8.35亿元	智慧城市解决服务商	旋极信息
28	问卷星	长沙	2019-08	8.27亿元	在线问卷调查、考试及投票平台	有才天下猎聘
29	飞马智科	马鞍山	2020-12	8.23亿元	机器人自动化和信息化解决方案	宝信软件
30	客如云	北京	2019-04	8亿元	餐饮O2O技术服务商	阿里巴巴

数据来源：零壹智库。

三、上市分析

据零壹智库不完全统计，2019—2021年共有228家数字科技公司上市（包括二次上市）。受新冠疫情及科创板扩容等因素的影响，2020年数字科技领域迎来上市潮，共计87家企业上市，同比增加47.5%；2021年略有减少至82家，同比下降5.7%（见图2-13）。

从公司注册地来看，3年间北京地区上市数字科技公司数量占总数的25.4%，其次是上海、杭州和深圳，北京和上海每年上市的数字科技公司数量较为稳定，分别在20家左右和10家左右（见图2-14）。

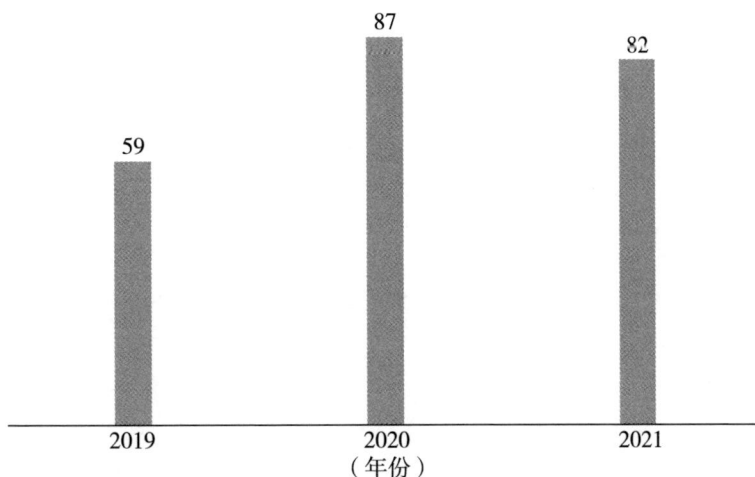

图 2-13　2019—2021 年中国数字科技公司上市数量（家）

数据来源：零壹智库。

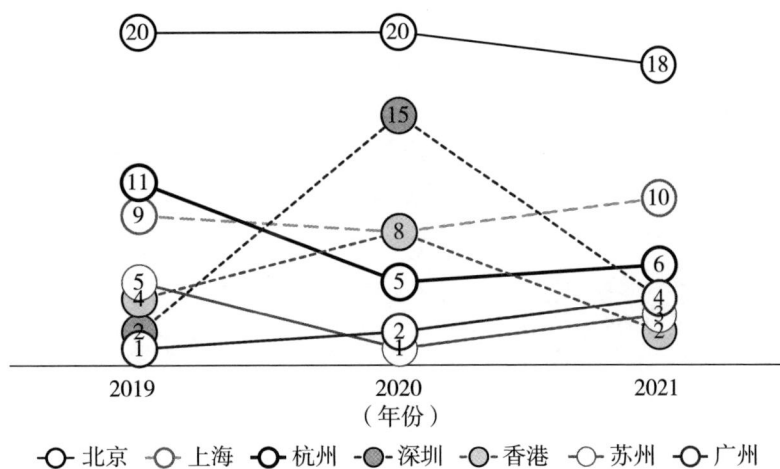

-O- 北京　-O- 上海　-O- 杭州　-O- 深圳　-O- 香港　-O- 苏州　-O- 广州

图 2-14　2019—2021 年中国数字科技公司上市活跃城市分布（家）

数据来源：零壹智库。

第三章

数字科技六大技术投资赛道

根据国务院有关文件及相关学术定义，数字经济是互联网和人工智能、区块链、云计算、大数据、物联网（统称"ABCDI"）等新一代数字技术与实体经济深度融合的产物。

2019—2021 年，中国数字科技产业底层支撑技术融资金额几乎均呈持续上涨趋势，特别是人工智能、大数据、物联网、芯片及区块链技术。2021 年，人工智能相关公司融资总额同比增长 132.8%，大数据相关公司融资总额同比增长 94.0%。数字科技产业底层支撑技术融资数量明显上扬，2021 年，芯片相关公司融资数量同比增长 161.4%，云计算相关公司同比增长 88.6%。

本报告基于数字科技产业内涵筛选数字科技相关的关键支撑技术进行统计分析，主要包括大数据、人工智能、云计算、物联网、芯片及区块链技术（见表 3-1）。由于各技术彼此交叉，统计口径按技术实际发生情况进行，剔除因并购及上市项目数量较少而发生的分析偏倚，本章仅分析 2019—2021 年各技术赛道股权融资情况。

表 3-1　　　　　　　　　　　数字经济底层技术及其构成

分类	描述
大数据	获取、存储、管理、分析大大超出传统数据工具能力范围的数据集合，具有海量的数据规模，快速的数据流转，多样的数据类型等特征
人工智能	研究、开发用于模拟、延伸和扩展人的智能的理论、方法、技术及应用系统的技术。相关概念包括 AI、机器学习、类人仿生
云计算	通过网络"云"将巨大的数据计算分解成无数个小程序，多服务器系统进行处理和分析得出结果。相关概念包括分布式计算、超级计算
物联网	通过信息传感等设备将物体与网络相连接进行信息交换和通信，实现智能化识别、定位、监管等，实现人机互联互通

分类	描述
芯片	半导体元件产品的统称，是集成电路的载体，是物质世界与数字世界的接口
区块链	分布式数据存储、点对点传输、共识机制、加密算法等信息技术的结合，保证信息真实不可篡改，实现去中心化、公共账本

一、整体分析

从公开披露的融资金额来看，2021 年人工智能及大数据类公司融资总额均超过千亿元，分别达 2005.0 亿元及 1200.5 亿元。物联网及芯片类共公司随后，均超过 750 亿元。云计算和区块链类公司融资规模较小，特别是后者，仅有 101.7 亿元（见图 3-1）。这与国内严厉的监管措施、限制区块链的金融和交易属性有关。

从融资数量来看，各技术赛道股权融资数量的分布情况与融资总额的分布情况基本一致。2021 年，人工智能及大数据技术领域是投资人青睐的领域（见图 3-2）。物联网公司笔均融资额最高，超过 2 亿元。

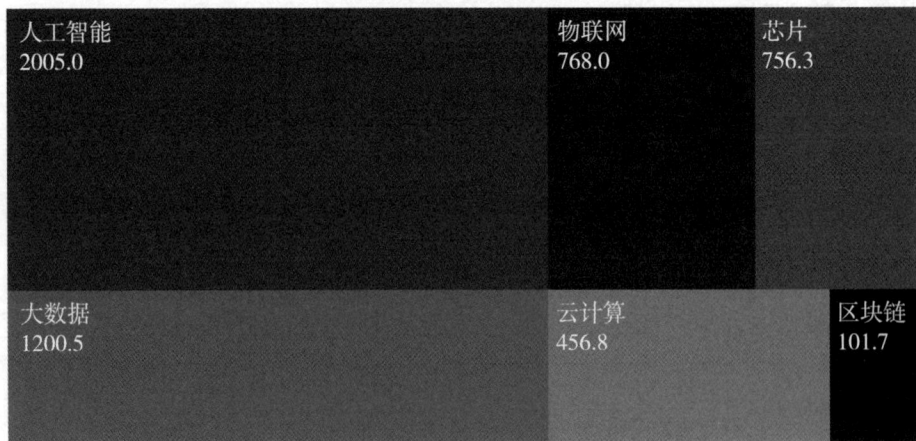

| 人工智能 2005.0 | | 物联网 768.0 | 芯片 756.3 |
| 大数据 1200.5 | | 云计算 456.8 | 区块链 101.7 |

图 3-1　2021 年数字科技主要技术赛道股权融资金额分布（亿元）

数据来源：零壹智库。

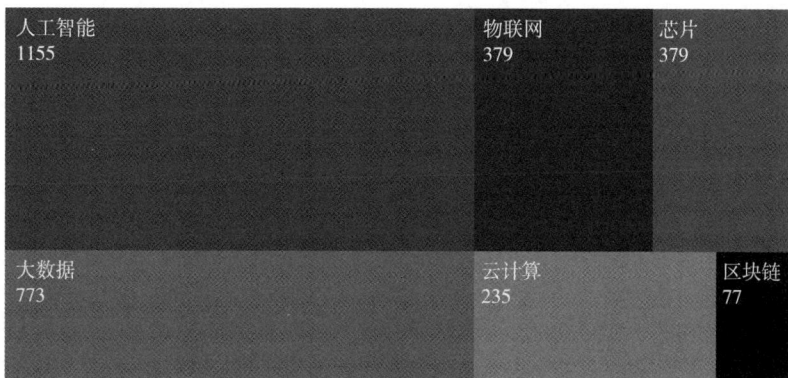

图 3-2　2021 年数字科技主要技术赛道股权融资数量分布（笔）

数据来源：零壹智库。

二、大数据

据零壹智库不完全统计，2019 年大数据相关公司获得 567 笔融资，公开披露的融资金额约为 678.4 亿元。2020 年，融资数量大幅下降 19.0% 至 459 笔，但融资金额只下滑了 8.8%。到了 2021 年，融资数量和金额分别飙升至 773 笔和 1200.5 亿元，同比增长 68.4% 和 94.0%（见图 3-3）。

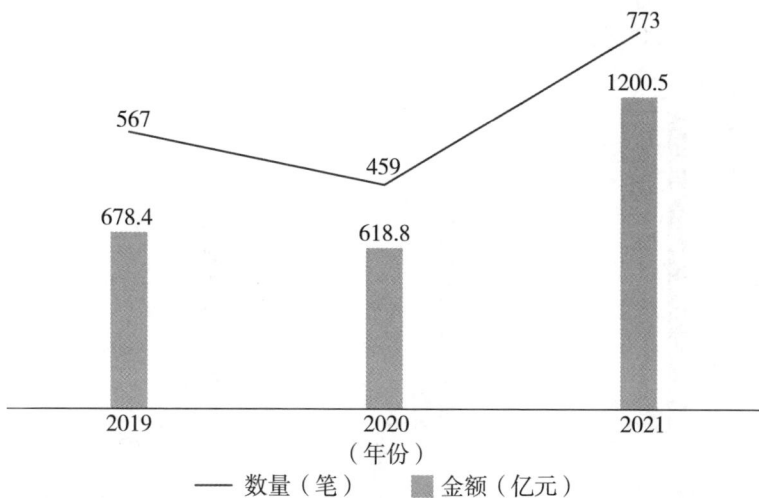

图 3-3　2019—2021 年大数据相关公司股权融资数量及金额走势

数据来源：零壹智库。

如果剔除未披露融资金额的项目，2021 年平均单笔融资规模达到 2.05 亿元，较 2019 年和 2020 年分别高出 1000 万元和 3700 万元（见图 3-4）。

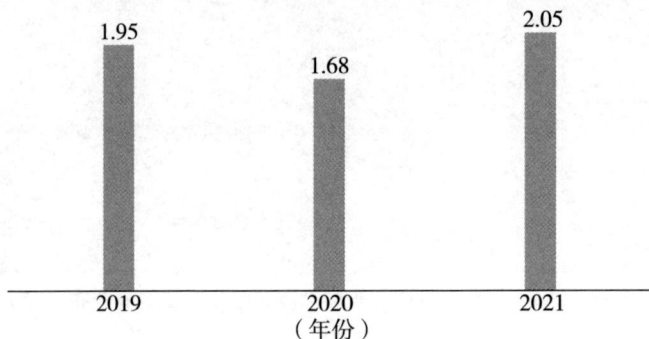

图 3-4　2019—2021 年大数据相关公司平均单笔融资金额走势（亿元）
数据来源：零壹智库。

从公司注册地址来看，北京、上海、广州、深圳、杭州、苏州、南京、成都 8 大城市获投较多。其中，在北京注册的大数据相关公司无论在融资金额还是数量上都远远超过其他城市；其次是上海，但其 2019—2020 年公开披露的融资金额均不到 80 亿元，2021 年飙升到 366.0 亿元，与北京的差距仅有 34.4 亿元。

8 大城市中，融资金额和数量均持续保持增长的城市只有深圳和苏州，2021 年两地大数据相关公司获投数量分别为 85 笔和 24 笔，金额则分别为 158.4 亿元和 32.0 亿元，体量相对较小（见图 3-5、图 3-6）。

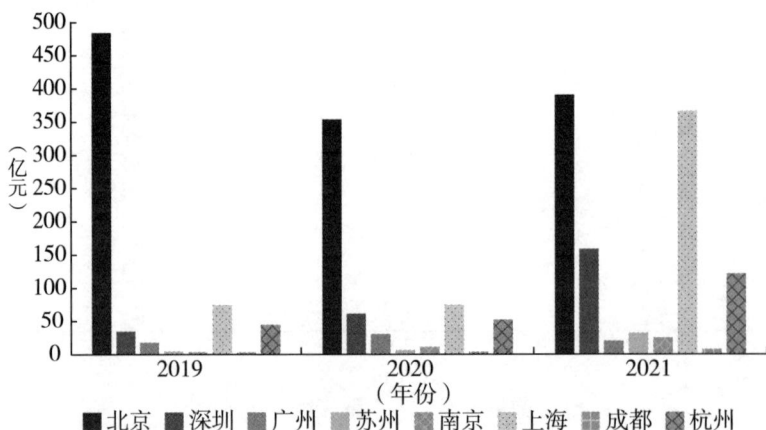

图 3-5　2019—2021 年 8 大主要城市大数据相关公司融资金额分布
数据来源：零壹智库。

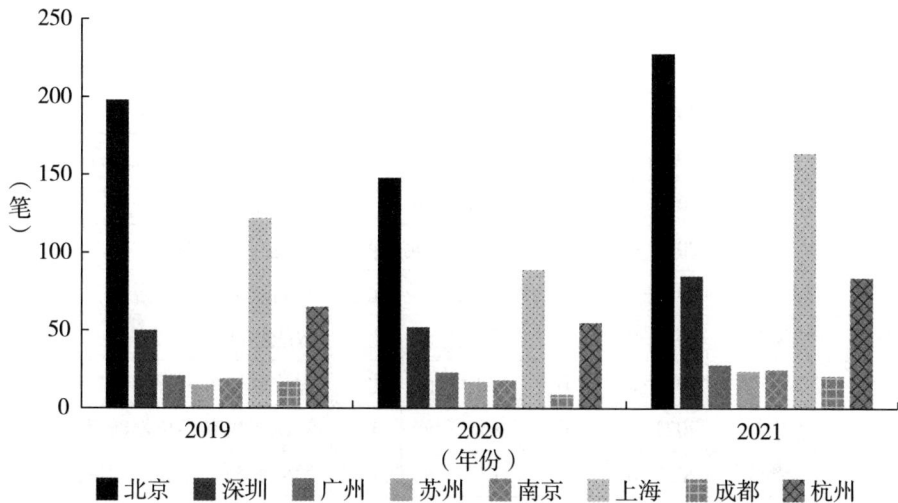

图 3-6　2019—2021 年 8 大主要城市大数据相关公司融资数量分布

数据来源：零壹智库。

2019—2021 年融资 10 亿元及以上的大数据相关公司如表 3-2 所示。

表 3-2　2019—2021 年大数据相关公司融资情况（金额≥10 亿元）

序号	公司	日期	轮次	金额	城市	公司简介
1	腾龙控股	2019-11	A	260 亿元	北京	数据中心（IDC）深度定制服务商
2	东久新宜	2021-12	战略	15 亿美元	上海	新经济基础设施投资者及服务运营商
3	猿辅导	2020-10	G+	10 亿美元	北京	一对一真人在线辅导平台
4	猿辅导	2020-03	G	10 亿美元	北京	一对一真人在线辅导平台
5	旷视科技	2019-05	D	7.5 亿美元	北京	AI 行业应用解决方案提供商
6	第四范式	2021-01	D	7 亿美元	北京	人工智能技术与服务提供商
7	叮咚买菜	2021-04	D	7 亿美元	上海	生鲜电商平台
8	PatPat	2021-07	D	5.1 亿美元	深圳	母婴出口电商平台
9	Momenta	2021-11	C+	超 5 亿美元	北京	自动驾驶技术研发商
10	涂鸦智能	2021-03	Pre-IPO	5 亿美元	杭州	物联网智能解决方案提供商
11	Momenta	2021-03	C	5 亿美元	北京	自动驾驶技术研发商
12	航天云网	2021-03	战略	26.32 亿元	北京	工业互联网服务平台

序号	公司	日期	轮次	金额	城市	公司简介
13	晶泰科技	2021-08	D	4 亿美元	深圳	智能药物技术研发商
14	ADVANCE. AI	2021-09	D	4 亿美元	北京	大数据风控服务提供商
15	叮咚买菜	2021-05	D+	3.3 亿美元	上海	生鲜电商平台
16	晶泰科技	2020-09	C	3.19 亿美元	深圳	智能药物技术研发商
17	思派网络	2020-12	E	20 亿元	北京	肿瘤领域数据平台
18	特斯联	2019-08	C	20 亿元	北京	智能物联网平台
19	明略科技	2019-03	D	20 亿元	北京	大数据与人工智能领域服务商
20	智慧芽	2021-03	E	3 亿美元	苏州	知识产权和科技创新服务商
21	明略科技	2020-03	E	3 亿美元	北京	大数据与人工智能领域服务商
22	PingCAP	2020-11	D	2.7 亿美元	北京	企业级分布式 OLTP 解决方案提供商
23	BOSS 直聘	2020-12	E+	2.7 亿美元	北京	直聘模式 P2P 在线应聘软件
24	Beisen	2021-05	F	2.6 亿美元	北京	一体化 HR SaaS 及人才管理平台
25	奇安信科技	2019-09	Pre-IPO	15 亿元	北京	网络与信息安全管理产品提供商
26	普平数据	2021-04	战略	2.3 亿美元	上海	新加坡大数据服务商
27	第四范式	2020-04	C+	2.3 亿美元	北京	人工智能技术与服务提供商
28	百融云创	2021-03	Pre-IPO	2.2 亿美元	北京	大数据金融信息服务提供商
29	亿咖通科技	2021-02	A+	2 亿美元	杭州	汽车智能化与网联化服务商
30	福佑卡车	2021-04	E	2 亿美元	南京	城际整车运输互联网交易平台
31	Airwallex	2021-09	E	2 亿美元	深圳	全球跨境支付平台
32	明略科技	2020-12	E+	2 亿美元	北京	大数据与人工智能领域服务商
33	爱学习教育集团	2020-11	D++	2 亿美元	北京	K12 课外辅导机构
34	亿咖通科技	2020-10	A	13 亿元	杭州	汽车智能化与网联化服务商
35	天数智芯	2021-03	C	12 亿元	上海	高端芯片及高性能算力系统提供商
36	WeLab	2019-12	C	11 亿元	深圳	互联网金融平台

序号	公司	日期	轮次	金额	城市	公司简介
37	PatPat	2021-08	D+	1.6亿美元	深圳	母婴出口电商平台
38	Airwallex	2020-04	D	1.6亿美元	深圳	全球跨境支付平台
39	上药云健康	2021-02	B	10.33亿元	上海	云医药O2O公司
40	XSKY	2021-12	F	10亿元	北京	分布式存储产品及解决方案提供商
41	曼顿科技	2021-08	C	10亿元	深圳	能源行业物联网空开服务商
42	泰睿思	2021-11	A	10亿元	宁波	半导体封测企业
43	卡奥斯	2021-09	B	10亿元	青岛	工业互联网平台
44	城云科技	2021-07	D	10亿元	杭州	大数据应用与运营服务商
45	云天励飞	2020-04	Pre-IPO	10亿元	深圳	视觉智能芯片研发商
46	七牛云	2020-06	F	10亿元	上海	企业级公有云服务商
47	思派网络	2019-11	D+	10亿元	北京	肿瘤领域数据平台

数据来源：零壹智库。

三、人工智能

据零壹智库不完全统计，2019年人工智能相关公司获得754笔融资，公开披露的融资金额约为865.9亿元。2020年，融资数量为664笔，同比减少11.9%，融资金额略微减少0.5%。2021年，融资数量和金额同比分别大幅增长73.9%和132.8%，达到1155笔和2005.0亿元（见图3-7）。

如果剔除未披露融资金额的项目，2021年平均单笔融资规模达到2.35亿元，较2019年和2020年分别高出4400万元和6600万元（见图3-8）。

从公司注册地址来看，北京的人工智能相关公司获投次数最多，金额最高；其次是上海，但2019—2020年公开披露的融资金额相对较少，分别为92.4亿元和134.2亿元，2021年飙升到576.5亿元。

与大数据公司类似，人工智能相关公司融资金额和数量均持续保持增长的城市只有深圳和苏州，2021年获投数量分别为169笔和50笔，金额则分别为233.8亿元和65.5亿元。苏州已经跃居为人工智能领域投融资最活跃的第四大城市（见图 3-9、图 3-10）。

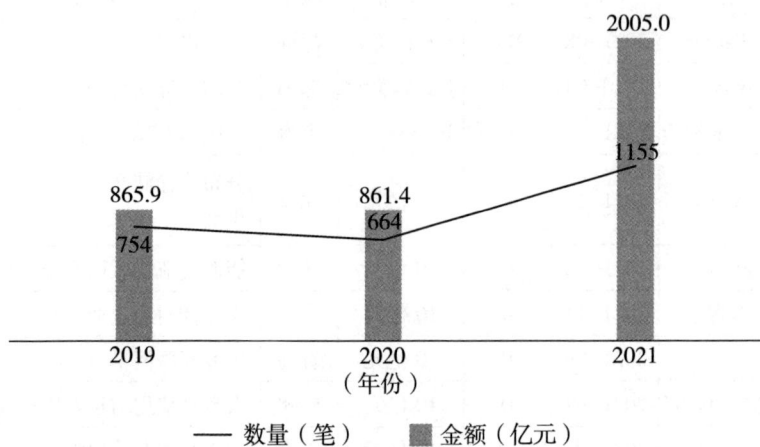

图 3-7　2019—2021 年人工智能相关公司股权融资数量及金额走势

数据来源：零壹智库。

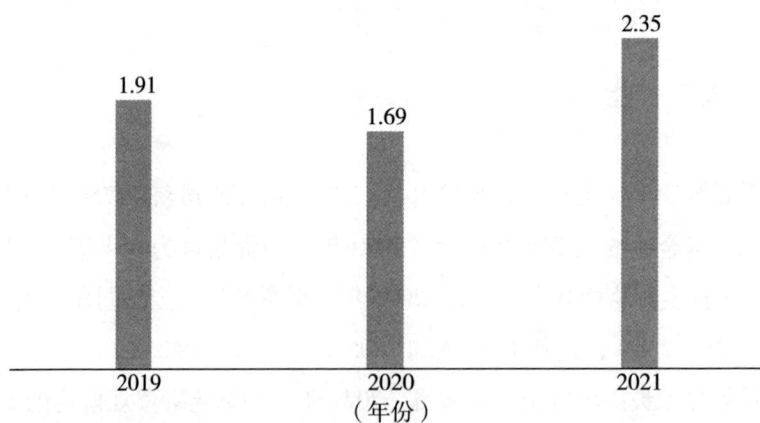

图 3-8　2019—2021 年人工智能相关公司平均单笔融资金额走势（亿元）

数据来源：零壹智库。

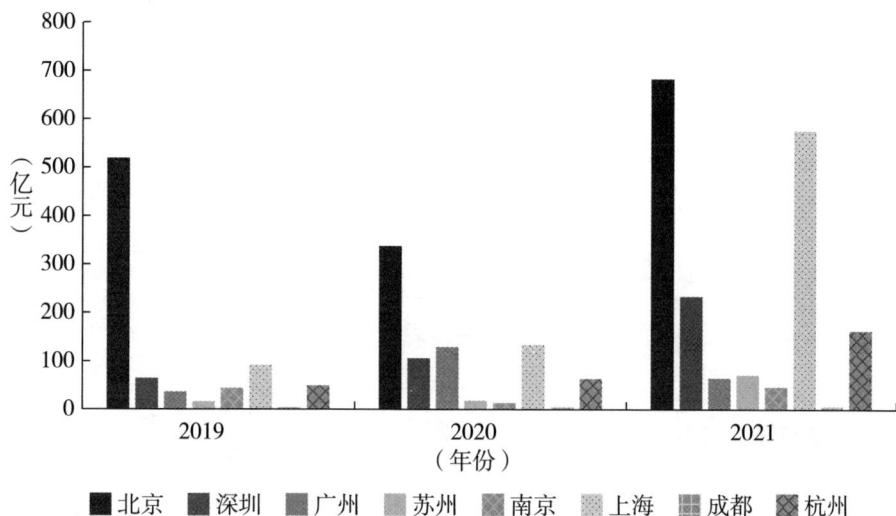

图 3-9　2019—2021 年 8 大主要城市人工智能相关公司融资金额分布

数据来源：零壹智库。

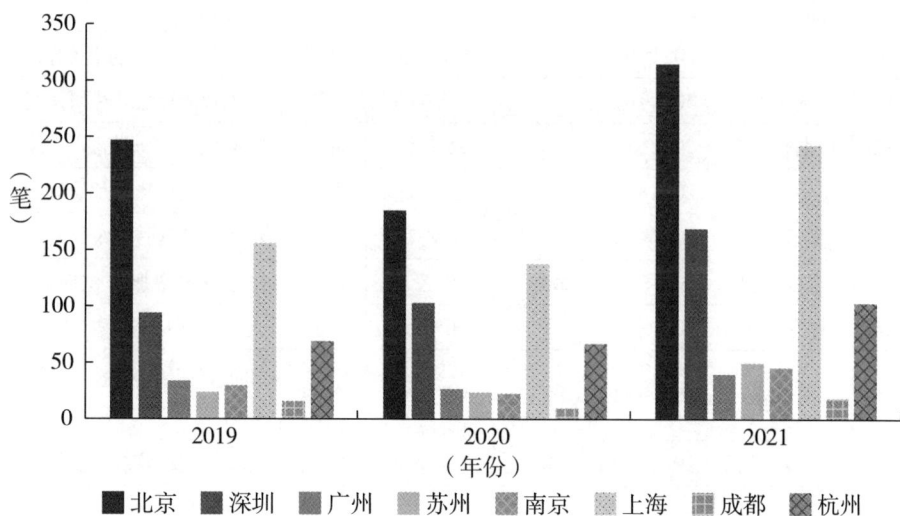

图 3-10　2019—2021 年 8 大主要城市人工智能相关公司融资数量分布

数据来源：零壹智库。

2019—2021 年融资 10 亿元及以上的人工智能相关公司如表 3-3 所示。

表 3-3　2019—2021 年人工智能相关公司融资情况（金额≥10 亿元）

序号	公司	日期	轮次	金额	城市	公司简介
1	地平线	2021-06	C+	15 亿美元	北京	人工智能算法芯片研发商
2	东久新宜	2021-12	战略	15 亿美元	上海	新经济基础设施投资者及服务运营商
3	紫光展锐	2021-04	战略	53.5 亿元	上海	泛芯片供应商
4	第四范式	2021-01	D	7 亿美元	北京	人工智能技术与服务提供商
5	涂鸦智能	2021-03	Pre-IPO	5 亿美元	杭州	物联网智能解决方案提供商
6	小红书	2021-11	E	5 亿美元	上海	海外购物分享社区电商平台
7	Momenta	2021-03	C	5 亿美元	北京	自动驾驶技术研发商
8	Momenta	2021-11	C+	超 5 亿美元	北京	自动驾驶技术研发商
9	晶泰科技	2021-08	D	4 亿美元	深圳	智能药物技术研发商
10	ADVANCE. AI	2021-09	D	4 亿美元	北京	大数据风控服务提供商
11	地平线	2021-01	C+	4 亿美元	北京	人工智能算法芯片研发商
12	奕斯伟计算	2021-12	C	25 亿元	北京	物联网芯片研发商
13	地平线	2021-02	C++	3.5 亿美元	北京	人工智能算法芯片研发商
14	文远知行	2021-05	C	3.1 亿美元	广州	汽车自动驾驶系统研发商
15	众安科技	2021-09	战略	20 亿元	深圳	信息化升级服务供应商
16	摩尔线程	2021-11	A	20 亿元	北京	人工智能服务商
17	智慧芽	2021-03	E	3 亿美元	苏州	知识产权和科技创新服务商
18	元戎启行	2021-09	B	3 亿美元	深圳	自动驾驶运营服务提供商
19	滴滴自动驾驶	2021-05	战略	3 亿美元	上海	自动驾驶汽车技术提供商
20	地平线	2021-05	C+	3 亿美元	北京	人工智能算法芯片研发商
21	禾赛科技	2021-06	D	超 3 亿美元	上海	自动驾驶雷达研发商

序号	公司	日期	轮次	金额	城市	公司简介·
22	燧原科技	2021-01	C	18亿元	上海	AI神经网络解决方案提供商
23	赢彻科技	2021-08	B	2.7亿美元	上海	自动驾驶技术研发商
24	安居客	2021-04	战略	2.5亿美元	上海	房地产信息服务平台
25	COWAROBOT	2021-09	C	2.5亿美元	芜湖	智能旅行箱研发商
26	瀚博半导体	2021-12	B	16亿元	上海	AI视觉芯片研发商
27	智加科技	2021-04	D+	2.2亿美元	苏州	人工智能自动驾驶技术
28	叮当快药	2021-06	战略	2.2亿美元	北京	互联网"医疗+医药"健康到家服务平台
29	思灵机器人	2021-09	C	2.2亿美元	北京	智能机器人系统研发商
30	亿咖通科技	2021-02	A+	2亿美元	杭州	于汽车智能化与网联化服务商
31	智加科技	2021-02	D	2亿美元	苏州	人工智能自动驾驶技术
32	思谋科技	2021-06	B	2亿美元	深圳	基于5G+AI的技术公司
33	擎朗智能	2021-09	D	2亿美元	上海	智能机器人研发商
34	福佑卡车	2021-04	E	2亿美元	南京	城际整车运输互联网交易平台
35	Airwallex	2021-09	E	2亿美元	深圳	全球跨境支付平台
36	精锋医疗	2021-11	C	超2亿美元	深圳	智能手术系统研发商
37	天数智芯	2021-03	C	12亿元	上海	高端芯片及高性能算力系统提供商
38	高仙机器人	2021-11	C	12亿元	上海	机器人导航定位系统研发商
39	达闼科技	2021-04	B+	10亿元	深圳	云端智能机器人运营商
40	曼顿科技	2021-08	C	10亿元	深圳	能源行业物联网空开服务商
41	泰睿思	2021-11	A	10亿元	宁波	半导体封测企业
42	芯驰半导体	2021-07	B	10亿元	南京	汽车智能驾驶芯片研发商

序号	公司	日期	轮次	金额	城市	公司简介
43	沐曦集成电路	2021-08	A	10亿元	上海	集成电路设计服务商
44	卡奥斯	2021-09	B	10亿元	青岛	工业互联网平台
45	城云科技	2021-07	D	10亿元	杭州	大数据应用与运营服务商
46	摩尔线程	2021-02	Pre-A	数十亿元	北京	人工智能服务商
47	梅卡曼德	2021-09	C+	约10亿元	北京	工业机器人智能解决方案提供商
48	毫末智行	2021-12	A	约10亿元	北京	自动驾驶解决方案服务商

数据来源：零壹智库。

四、云计算

据零壹智库不完全统计，2019年云计算相关公司获得158笔融资，公开披露的融资金额约为387.5亿元。2020年，融资数量同比减少12.7%至138笔，融资金额则大幅减少60.1%至154.5亿元。2021年，云计算相关公司融资数量和金额表现强势，分别达到235笔和456.8亿元（见图3-11）。

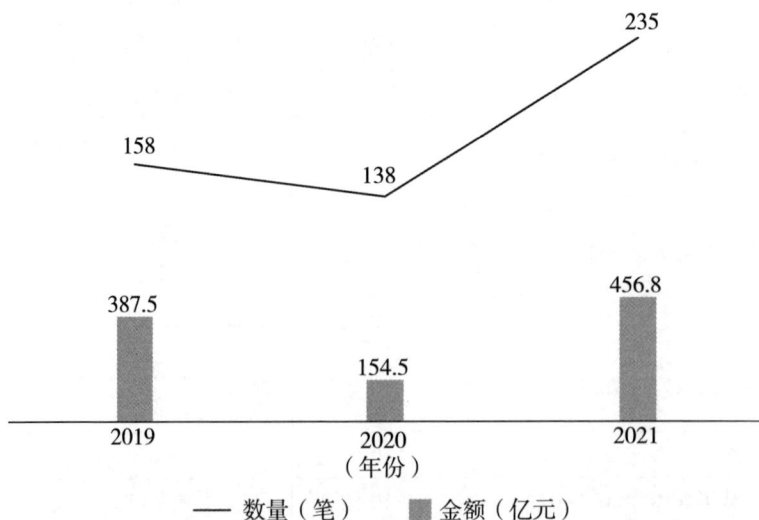

图3-11　2019—2021年云计算相关公司股权融资数量及金额走势

数据来源：零壹智库。

　　如果剔除未披露融资金额的项目，2019 年云计算相关公司平均单笔融资规模高达 3.80 亿元，2020 年陡降到 1.46 亿元，不足上年的一半。2021 年平均单笔融资规模约为 2.57 亿元，也只有 2019 年的 2/3 左右（见图 3-12）。

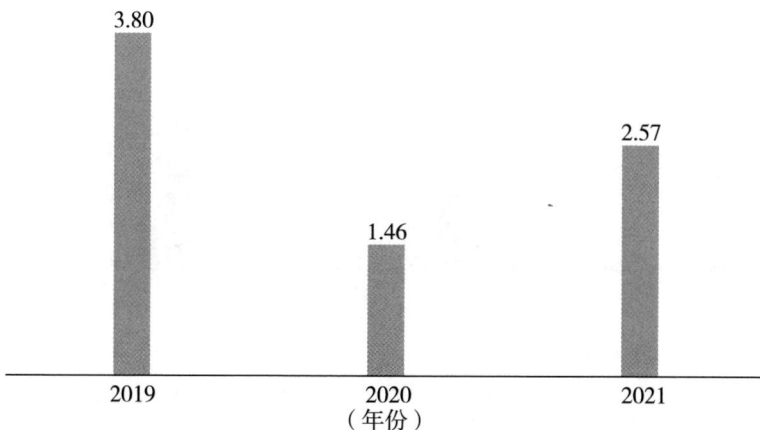

图 3-12　2019—2021 年云计算相关公司平均单笔融资金额走势（亿元）

数据来源：零壹智库。

　　从公司注册地址来看，2019 年北京的云计算相关公司融资金额高达 280.9 亿元，2020 年跌至 68.1 亿元，同比大幅下降 75.8%，2021 年虽然有所增长，但仍然不及 2019 年的一半。融资数量相对稳定，2019—2020 年在 40 笔及以上，2021 年达到 66 笔。

　　2021 年上海和杭州的云计算相关公司融资金额大幅增长，分别达到 92.6 亿元和 134.1 亿元，杭州跃居第二位，且仅比北京少 1.7 亿元。不过从融资数量上看，杭州仍居第四位（见图 3-13，图 3-14）。

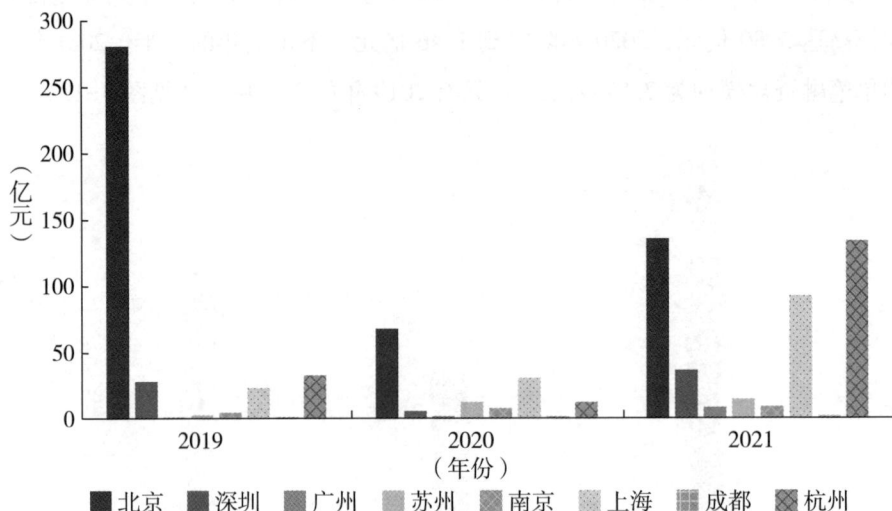

图 3-13　2019—2021 年主要城市云计算相关公司融资金额分布

数据来源：零壹智库。

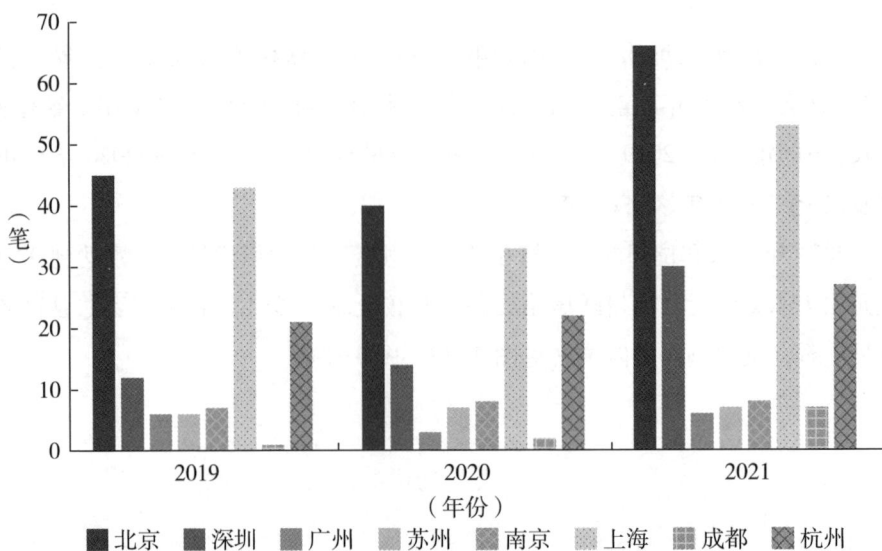

图 3-14　2019—2021 年主要城市云计算相关公司融资数量分布

数据来源：零壹智库。

2019—2021 年融资 10 亿元及以上的云计算相关公司如表 3-4 所示。

表3-4 2019—2021年云计算相关公司融资情况（金额≥10亿元）

序号	公司	日期	轮次	金额	城市	公司简介
1	腾龙控股	2019-11	A	260亿元	北京	数据中心（IDC）深度定制服务商
2	零跑汽车	2021-07	Pre-IPO	45亿元	杭州	电动汽车研发生产商
3	零跑汽车	2021-01	B	43亿元	杭州	电动汽车研发生产商
4	航天云网	2021-03	战略	26.32亿元	北京	工业互联网服务平台
5	慧策	2021-10	D	3.12亿美元	北京	一体化智能零售服务商
6	达闼科技	2019-03	B	3亿美元	深圳	云端智能机器人运营商
7	PingCAP	2020-11	D	2.7亿美元	北京	分布式OLTP解决方案提供商
8	Beisen	2021-05	F	2.6亿美元	北京	一体化HR SaaS及人才管理平台
9	普平数据	2021-04	战略	2.3亿美元	上海	新加坡大数据服务商
10	酷家乐	2021-11	E+	2亿美元	杭州	VR智能室内设计平台
11	云学堂	2021-03	E+	1.9亿美元	苏州	企业培训全面解决方案服务平台
12	天数智芯	2021-03	C	12亿元	上海	高端芯片及高性能算力系统提供商
13	太美医疗	2020-09	G	超12亿元	嘉兴	生命科学领域云解决方案提供商
14	达闼科技	2021-04	B+	10亿元	深圳	云端智能机器人运营商
15	七牛云	2020-06	F	10亿元	上海	企业级公有云服务商
16	沐曦集成电路	2021-08	A	10亿元	上海	集成电路设计服务商
17	城云科技	2021-07	D	10亿元	杭州	大数据应用与运营服务商
18	XSKY	2021-12	F	超10亿元	北京	分布式存储产品及解决方案提供商
19	博泰车联网	2021-08	战略	8.3亿元	上海	车联网技术服务提供商
20	容联云通讯	2020-11	F	1.25亿美元	北京	企业通讯云服务提供商

序号	公司	日期	轮次	金额	城市	公司简介
21	数字广东	2021-12	战略	8亿元	广州	政务信息化建设运营服务商
22	XSKY	2021-09	E	7.1亿元	北京	分布式存储产品及解决方案提供商
23	同盾科技	2019-04	D	超1亿美元	杭州	金融风险控制和反欺诈服务提供商
24	通联数据	2021-09	战略	1亿美元	上海	智能投顾服务提供商
25	智布互联	2019-09	C	1亿美元	深圳	面料贸易大数据服务商
26	云学堂	2020-01	D	1亿美元	苏州	企业培训全面解决方案服务平台
27	达博科技	2019-04	A	1亿美元	合肥	专业集成电路设计研发商
28	慧策	2020-12	C	近1亿美元	北京	一体化智能零售服务商
29	甄云科技	2021-11	C	6.5亿元	上海	企业采购数字化转型服务商
30	东软睿驰	2021-10	战略	6.5亿元	沈阳	无人驾驶技术研发商
31	酷家乐	2019-10	E	1亿美元	杭州	VR智能室内设计平台
32	昕原半导体	2021-04	Pre-A	约1亿美元	上海	半导体芯片生产商
33	云徙科技	2021-10	D	约1亿美元	杭州	DT平台及云服务提供商
34	紫光云数	2021-09	战略	6亿元	天津	云服务提供商
35	数梦工场	2019-09	B	6亿元	杭州	云计算和大数据解决方案提供商
36	METiS	2021-12	A	8600万美元	杭州	人工智能驱动药物制剂研发商
37	微美全息	2021-04	战略	8380万美元	北京	移动虚拟云和全息云软件研发商
38	贝斯平	2020-06	C	5.3亿元	北京	SaaS化云管理平台
39	太美医疗	2019-01	E	8000万美元	嘉兴	生命科学领域云解决方案提供商
40	同城票据网	2021-03	C	5亿元	南京	第三方票据服务平台
41	城云科技	2020-11	Pre-D	5亿元	杭州	大数据应用与运营服务商
42	听云	2021-06	D	5亿元	北京	SaaS模式APM服务平台

序号	公司	日期	轮次	金额	城市	公司简介
43	星环科技	2019-10	D+	约5亿元	上海	大数据基础软件平台供应商
44	观脉科技	2021-10	C	约5亿元	北京	互联网传输加速服务供应商

数据来源：零壹智库。

五、物联网

据零壹智库不完全统计，2019年物联网相关公司获得270笔融资，公开披露的融资金额约为449.3亿元。2020年，融资数量同比减少25.6%至201笔，融资金额则略微减少3.2%至435.1亿元。2021年，融资数量和金额强势反弹，分别达到379笔和768.0亿元，同比增长88.6%和76.5%（见图3-15）。

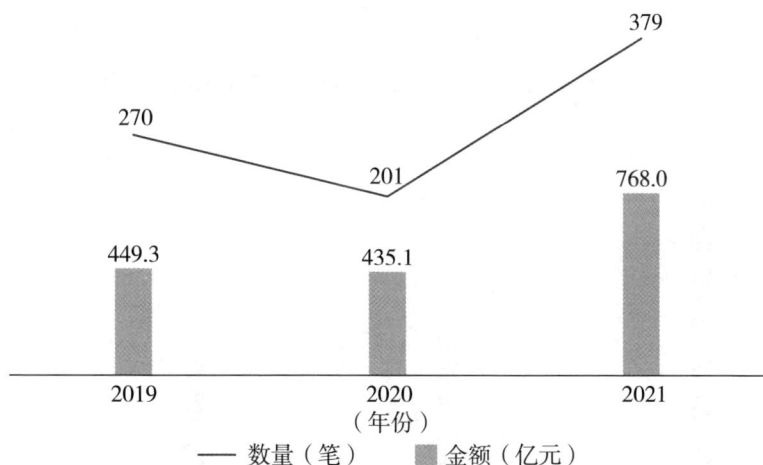

图3-15 2019—2021年物联网相关公司股权融资数量及金额走势

数据来源：零壹智库。

如果剔除未披露融资金额的项目，3年间的平均单笔融资金额波动不大。2019年平均单笔融资规模高达2.88亿元；2020年增长到3.09亿元，同比增长7.3%；2021年，单笔融资金额同比下降10.0%至2.78亿元（见图3-16）。

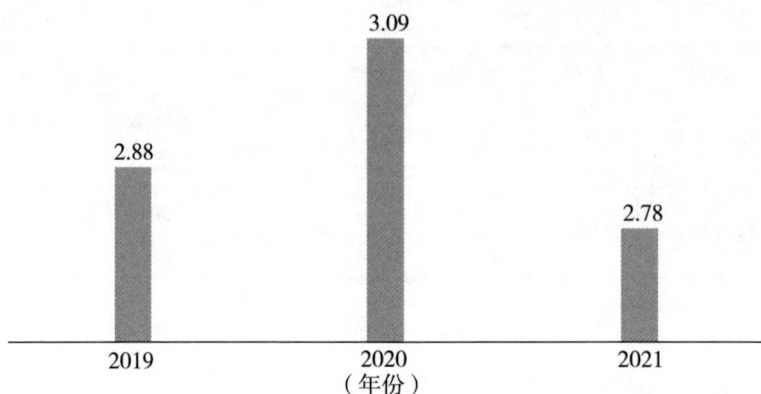

图 3-16 2019—2021 年物联网相关公司平均单笔融资金额走势（亿元）

数据来源：零壹智库。

从公司注册地址来看，2019 年北京的物联网相关公司融资金额高达 361.7 亿元，此后两年持续下滑至 195.3 亿元。融资数量波动较大，2020 年跌到 40 笔以下，2021 年反弹到 74 笔，比 2019 年还多 2 笔。

2021 年，上海和杭州的物联网相关公司融资金额大幅增长，分别达到 214.4 亿元和 161.5 亿元。上海超过北京，杭州跃居第三位。不过从融资数量上看，北京仍然居于首位，其次是上海、深圳和杭州（见图 3-17、图 3-18）。

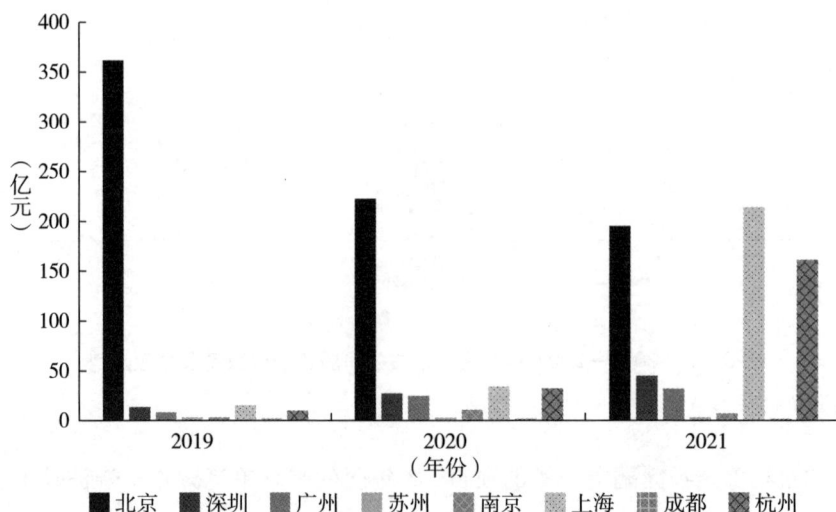

北京 深圳 广州 苏州 南京 上海 成都 杭州

图 3-17 2019—2021 年主要城市物联网相关公司融资金额分布

数据来源：零壹智库。

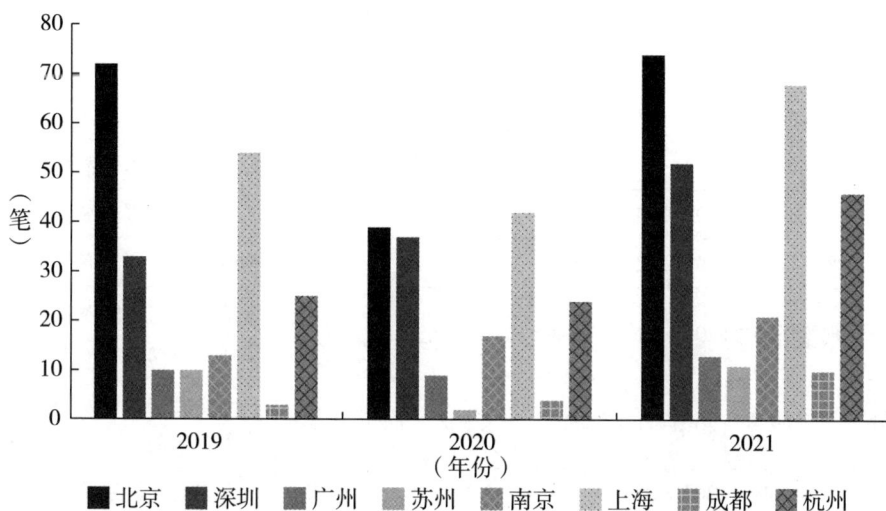

图 3-18 2019—2021 年主要城市物联网相关公司融资数量分布

数据来源：零壹智库。

2019—2021 年融资 10 亿元及以上的物联网相关公司如表 3-5 所示。

表 3-5 2019—2021 年物联网相关公司融资情况（金额≥10 亿元）

序号	公司	日期	轮次	金额	城市	公司简介
1	腾龙控股	2019-11	A	260 亿元	北京	数据中心（IDC）深度定制服务商
2	东久新宜	2021-12	战略	超 15 亿美元	上海	新经济基础设施投资者及服务运营商
3	理想汽车	2020-07	Pre-IPO	14.73 亿美元	北京	智能新能源汽车研发商
4	紫光展锐	2021-04	战略	53.5 亿元	上海	泛芯片供应商
5	天际汽车	2020-10	B	50 亿元	绍兴	新能源汽车研发商
6	零跑汽车	2021-07	Pre-IPO	45 亿元	杭州	电动汽车研发生产商
7	零跑汽车	2021-01	B	43 亿元	杭州	电动汽车研发生产商
8	理想汽车	2020-06	D	5.5 亿美元	北京	智能新能源汽车研发商
9	理想汽车	2019-08	C	5.3 亿美元	北京	智能新能源汽车研发商
10	涂鸦智能	2021-03	Pre-IPO	5 亿美元	杭州	物联网智能解决方案提供商

序号	公司	日期	轮次	金额	城市	公司简介
11	Momenta	2021-03	C	5亿美元	北京	自动驾驶技术研发商
12	Momenta	2021-11	C+	超5亿美元	北京	自动驾驶技术研发商
13	航天云网	2021-03	战略	26.32亿元	北京	工业互联网服务平台
14	奕斯伟计算	2021-12	C	25亿元	北京	物联网芯片研发商
15	阿维塔科技	2021-11	战略	24.2亿元	重庆	智能网联与新能源汽车产业链服务商
16	图森未来	2020-11	E	3.5亿美元	北京	自动驾驶技术研发与应用服务提供商
17	文远知行	2021-05	C	3.1亿美元	广州	汽车自动驾驶系统研发商
18	天际汽车	2019-04	A	20亿元	绍兴	新能源汽车研发商
19	特斯联	2019-08	C	20亿元	北京	智能物联网平台
20	能链	2021-08	E	20亿元	北京	数字化出行能源开放平台
21	奕斯伟计算	2020-06	B	20亿元	北京	物联网芯片研发商
22	柔宇科技	2020-05	F	3亿美元	深圳	柔性显示屏及传感器研发商
23	京东工业品	2020-05	A	2.3亿美元	北京	一站式工业品采购平台
24	特来电	2020-03	A	13.5亿元	青岛	新能源汽车充电解决方案提供商
25	亿咖通科技	2020-10	A	13亿元	杭州	于汽车智能化与网联化服务商
26	亿咖通科技	2021-02	A+	2亿美元	杭州	于汽车智能化与网联化服务商
27	文远知行	2020-12	B	2亿美元	广州	汽车自动驾驶系统研发商
28	能链	2021-03	战略	2亿美元	北京	数字化出行能源开放平台
29	国动集团	2021-01	Pre-IPO	11亿元	无锡	民营信息基础设施综合服务商
30	曼顿科技	2021-08	C	10亿元	深圳	能源行业物联网空开服务商
31	绿米联创	2021-10	C	10亿元	深圳	智能家居产品研发商

序号	公司	日期	轮次	金额	城市	公司简介
32	七牛云	2020-06	F	10 亿元	上海	企业级公有云服务商
33	泰睿思	2021-11	A	10 亿元	宁波	半导体封测企业

数据来源：零壹智库。

六、芯片

2019—2021 年，由于国产替代加速和应用场景日益多元化，芯片相关公司受到资本的追捧，融资数量和金额保持持续增长。据零壹智库不完全统计，2021 年芯片相关公司融资金额高达 756.3 亿元，同比大幅增长 482.2%；融资数量 379 笔，同比增长 161.4%（见图 3-19）。

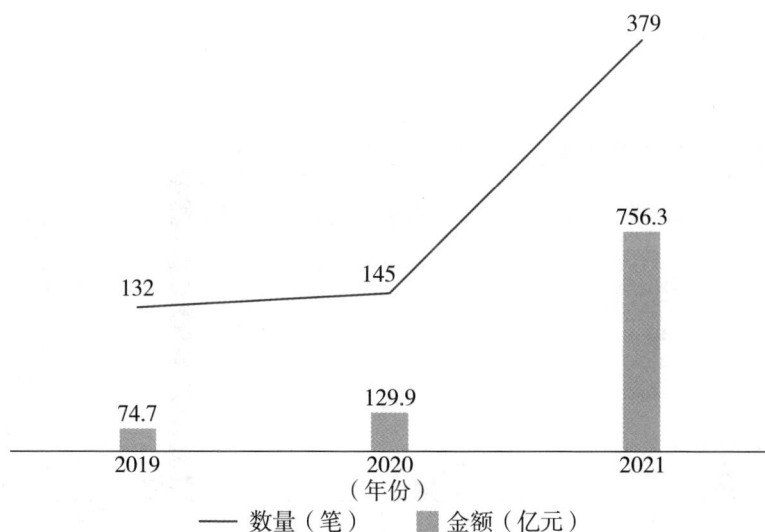

图 3-19　2019—2021 年芯片相关公司股权融资数量及金额走势

数据来源：零壹智库。

如果剔除未披露融资金额的项目，2021 年平均单笔融资金额是前两年的 2 倍有余（见图 3-20）。芯片相关公司融资规模越来越大，2021 年 10 亿元及以上的融资达到 18 笔，其中 4 笔超过 50 亿元。

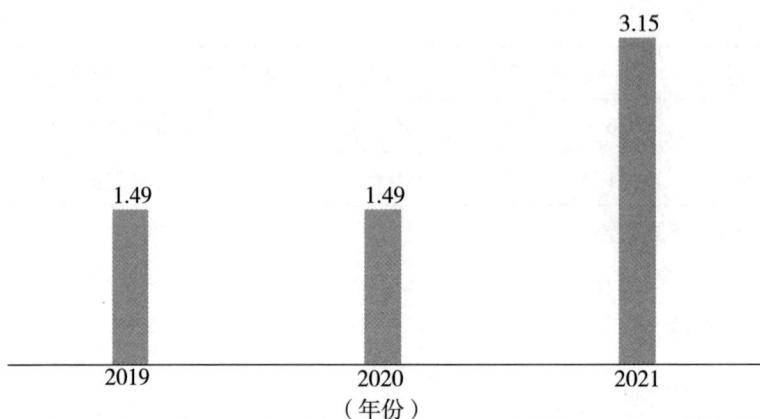

图 3-20　2019—2021 年芯片相关公司平均单笔融资金额走势（亿元）

数据来源：零壹智库。

　　从公司注册地址来看，2021 年北京和上海的芯片相关公司融资金额分别飙升至 309.6 亿元和 250.1 亿元，远远超过前两年的规模（见图 3-21）。融资数量上，上海、深圳和南京显著持续增长（见图 3-22）。

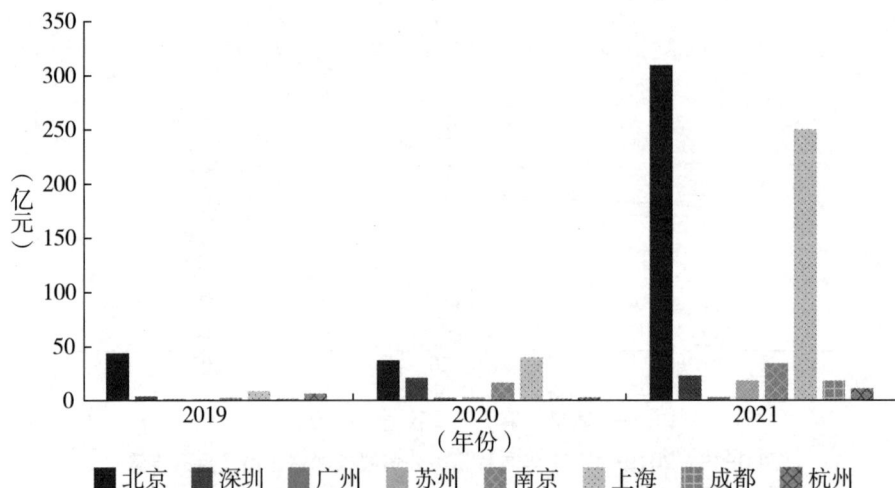

■ 北京　■ 深圳　■ 广州　■ 苏州　■ 南京　▨ 上海　▦ 成都　▨ 杭州

图 3-21　2019—2021 年主要城市芯片相关公司融资金额分布

数据来源：零壹智库。

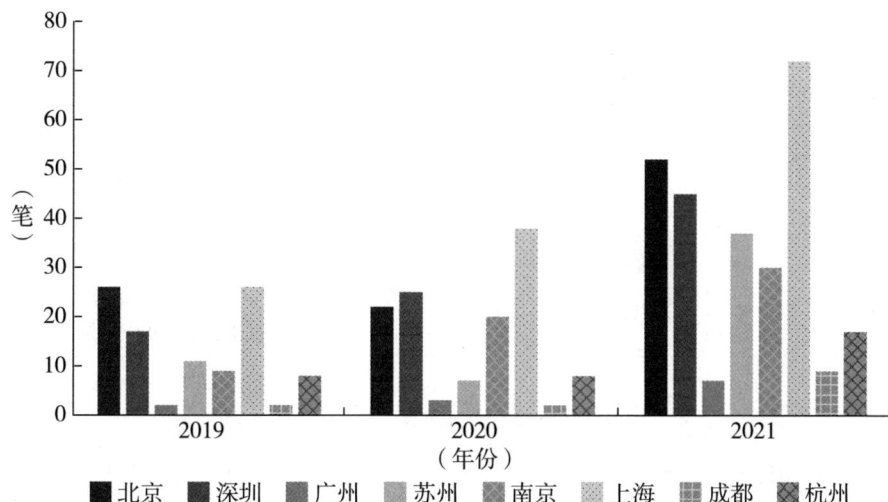

图 3-22 2019—2021 年主要城市芯片相关公司融资数量分布

数据来源：零壹智库。

2019—2021 年融资 5 亿元及以上的芯片相关公司如表 3-6 所示。

表 3-6 2019—2021 年芯片相关公司融资情况（金额≥5 亿元）

序号	公司	日期	轮次	金额	城市	公司简介
1	地平线	2021-06	C+	15 亿美元	北京	人工智能算法芯片研发商
2	积塔半导体	2021-11	战略	80 亿元	上海	半导体芯片研发商
3	集创北方	2021-12	E	65 亿元	北京	芯片系统解决方案提供商
4	紫光展锐	2021-04	战略	53.5 亿元	上海	泛芯片供应商
5	地平线	2019-02	B	6 亿美元	北京	人工智能算法芯片研发商
6	地平线	2021-01	C+	4 亿美元	北京	人工智能算法芯片研发商
7	奕斯伟计算	2021-12	C	25 亿元	北京	物联网芯片研发商
8	地平线	2021-02	C+	3.5 亿美元	北京	人工智能算法芯片研发商
9	奕斯伟计算	2020-06	B	20 亿元	北京	物联网芯片研发商
10	盛合晶微	2021-10	C	3 亿美元	无锡	半导体制造商
11	地平线	2021-05	C+	3 亿美元	北京	人工智能算法芯片研发商

序号	公司	日期	轮次	金额	城市	公司简介
12	燧原科技	2021-01	C	18亿元	上海	AI神经网络解决方案提供商
13	瀚博半导体	2021-12	B	16亿元	上海	AI视觉芯片研发商
14	海威华芯	2021-06	战略	12.88亿元	成都	集成电路研发生产商
15	天数智芯	2021-03	C	12亿元	上海	GPGPU高端芯片及高性能算力系统提供商
16	嘉楠捷思	2021-05	战略	1.7亿美元	北京	区块链矿机及运算数据中心提供商
17	壁仞科技	2020-06	A	11亿元	上海	通用智能芯片设计研发商
18	云天励飞	2020-04	Pre-IPO	近10亿元	深圳	视觉智能芯片研发商
19	芯驰半导体	2021-07	B	10亿元	南京	汽车智能驾驶芯片研发商
20	沐曦集成电路	2021-08	A	10亿元	上海	集成电路设计服务商
21	燕东微电子	2021-09	战略	10亿元	北京	模拟集成电路及分立器件制造商
22	Dera	2021-12	C	约10亿元	北京	半导体存储产品提供商
23	地平线	2020-12	C	1.5亿美元	北京	人工智能算法芯片研发商
24	嘉兴中晶半导体	2021-09	战略	8.16亿元	嘉兴	芯片器件设计制造商
25	燧原科技	2020-05	B	7亿元	上海	AI神经网络解决方案提供商
26	达博科技	2019-04	A	1亿美元	合肥	专业集成电路设计研发商
27	嘉楠耘智	2019-03	B	数亿美元	杭州	超算芯片设计与数字区块链计算设备研发商
28	昕原半导体	2021-04	Pre-A	约1亿美元	上海	半导体芯片生产商
29	芯耀辉	2021-05	A	约6亿元	珠海	先进半导体IP研发商
30	芯翼信息科技	2021-09	B	5亿元	上海	物联网通讯芯片制造商
31	芯驰半导体	2020-09	A	5亿元	南京	汽车智能驾驶芯片研发商

序号	公司	日期	轮次	金额	城市	公司简介
32	瀚博半导体	2021-04	A+	5 亿元	上海	AI 视觉芯片研发商
33	芯长征	2021-12	C	超 5 亿元	南京	新型功率半导体器件研发商

数据来源：零壹智库。

七、区块链

据零壹智库的不完全统计，2019 年区块链相关公司获得 80 笔融资，公开披露的融资金额约为 35.3 亿元。2020 年，融资数量骤降到 48 笔，同比减少40.0%，融资金额也几乎折半，只有 18.2 亿元。2021 年，融资数量和金额强势反弹到 77 笔和 101.7 亿元，数量同比增长 60.4%，但仍低于 2019 年，金额则为上年的 5.6 倍（见图 3-23）。

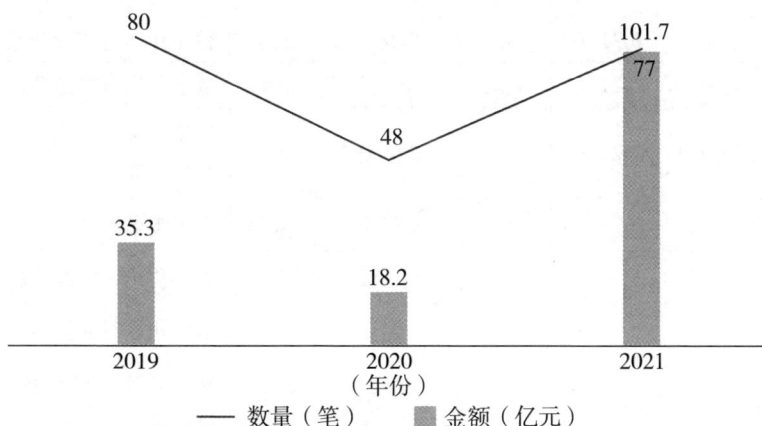

图 3-23　2019—2021 年区块链相关公司股权融资数量及金额走势

数据来源：零壹智库。

如果剔除未披露融资金额的项目，2021 年区块链相关公司的平均单笔融资金额约为前两年的 3 倍（见图 3-24）。2021 年，1 亿元以上的融资超过 20笔，是前两年的 3~5 倍，其中 4 笔超过 10 亿元。

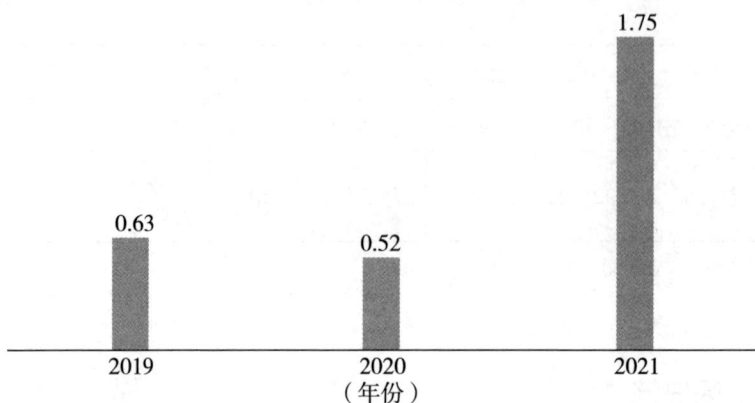

图 3-24　2019—2021 年区块链相关公司平均单笔融资金额走势（亿元）

数据来源：零壹智库。

2019—2021 年融资 1 亿元及以上的区块链相关公司如表 3-7 所示。

表 3-7　　2019—2021 年区块链相关公司融资情况（金额≥1 亿元）

序号	公司	日期	轮次	金额	城市	公司简介
1	众安科技	2021-09	战略	20 亿元	深圳	信息化升级服务供应商
2	能链	2021-08	E	20 亿元	北京	数字化出行能源开放平台
3	能链	2021-03	战略	2 亿美元	北京	数字化出行能源开放平台
4	嘉楠捷思	2021-05	战略	1.7 亿美元	北京	区块链矿机及运算数据中心提供商
5	法大大	2021-03	D	9 亿元	深圳	电子签名服务商
6	能链	2020-07	D	9 亿元	北京	数字化出行能源开放平台
7	能链	2019-11	C	1.1 亿美元	北京	数字化出行能源开放平台
8	嘉楠耘智	2019-03	B	数亿美元	杭州	超算芯片设计与数字区块链计算设备研发商
9	能链	2019-08	B+	4.5 亿元	北京	数字化出行能源开放平台
10	法大大	2019-03	C	3.98 亿元	深圳	电子签名服务商
11	灵动计算机	2021-05	战略	2.8 亿元	西安	一站式存储解决方案提供商
12	能链	2019-04	B	2.75 亿元	北京	数字化出行能源开放平台

序号	公司	日期	轮次	金额	城市	公司简介
13	Cobo	2021-09	B	4000 万美元	北京	数字资产钱包管理平台
14	imToken	2021-03	B	3000 万美元	杭州	通证资产钱包研发商
15	通付盾	2019-05	C	1.84 亿元	苏州	网络支付安全服务技术公司
16	亲家数科	2020-04	Pre-A	1.2 亿元	北京	数字科技与人工智能服务商
17	暖哇科技	2019-08	天使	1 亿元	上海	医疗数据智能化运营
18	迅联云	2021-10	A+	超 1 亿元	北京	发票数字化技术开发商
19	黑犇科技	2021-03	战略	超 1 亿元	上海	新基建分布式存储服务商
20	云象区块链	2021-05	B	超 1 亿元	杭州	区块链数据信息安全服务提供商
21	微位科技	2020-07	B	近 1 亿元	深圳	数字身份服务商
22	纯白矩阵	2021-05	A	近 1 亿元	南京	区块链服务与解决方案提供商
23	摩尔元数	2021-06	B+	近 1 亿元	福州	工业互联网技术平台服务商
24	天河国云	2021-08	A	近 1 亿元	长沙	区块链行业领军企业
25	憨猴科技	2021-04	战略	近 1 亿元	北京	分布式运营系统服务商
26	标信智链	2021-04	A+	近 1 亿元	杭州	公共资源交易+区块链软件开发商
27	暖哇科技	2021-08	A+	数亿元	上海	医疗数据智能化运营
28	趣链科技	2021-04	C	数亿元	杭州	区块链技术服务提供商
29	暖哇科技	2020-02	A	约 1 亿元	上海	医疗数据智能化运营
30	摩尔元数	2021-03	B	约 1 亿元	福州	工业互联网技术平台服务商

数据来源：零壹智库。

第四章

数字科技六大行业投资赛道

数字科技向各行各业持续渗透，不断发展，催生出众多新的业态。本报告聚焦金融、零售、医疗、制造、汽车、物流等多个行业的数十个应用场景和数千家公司，主要包括数字零售、数字医疗、智能制造、智能汽车、数字物流、金融科技（见表4-1），通过翔实的数据分析和审慎的行业观察，挖掘数字科技领域的投融资特点和发展趋势。

由于一家公司可能存在多个行业标签，本章按实际涉及的标签进行统计。另外，本章剔除了并购及上市项目数量较少而发生的分析偏倚，仅分析2019—2021年六大行业赛道股权融资的情况。

表 4-1　　　　　　　　　　数字科技赋能行业新生态

分类	描述
数字零售	电商平台、直播平台、无人零售、智慧营销、零售数据服务等
数字医疗	医疗信息化、互联网医疗、医疗机器人、医疗大数据、AI 医疗等
智能制造	工业互联网、智能工厂、工厂机器人、智能装备、智能硬件等
智能汽车	半新能源汽车、智能驾驶、车载智能等
数字物流	智能仓储、智能物流、物流大数据等
金融科技	银行科技、支付科技、保险科技、投资理财、网络借贷、资管科技、金融数据服务、金融 IT 等

一、整体分析

从公开披露的融资金额来看，2021年数字零售是唯一一个规模超过 1000 亿元的行业，达到 1035.7 亿元；其次是智能汽车，融资总额约为 897.1 亿元；数字医疗及数字物流随后，均超 500 亿元（见图 4-1）。从融资数量来看，数字零售、数字医疗排在最前面，分别为409笔和388笔（见图4-2）。

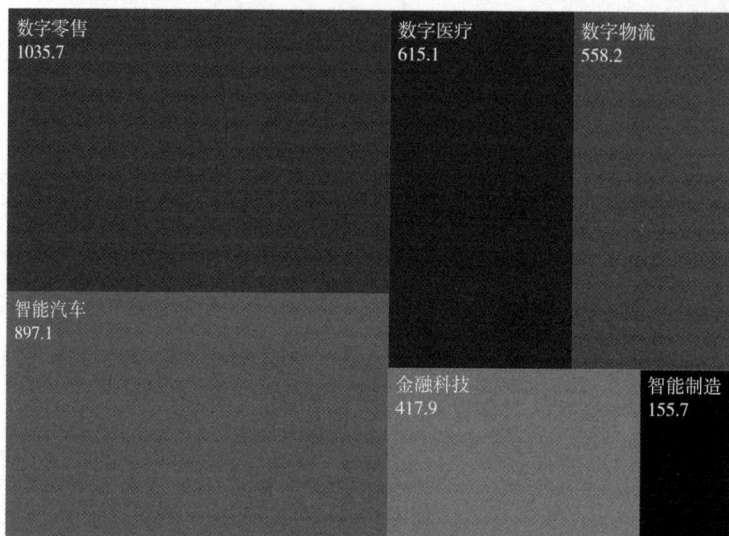

图4-1　2021年数字科技主要行业赛道股权融资金额分布（亿元）

数据来源：零壹智库。

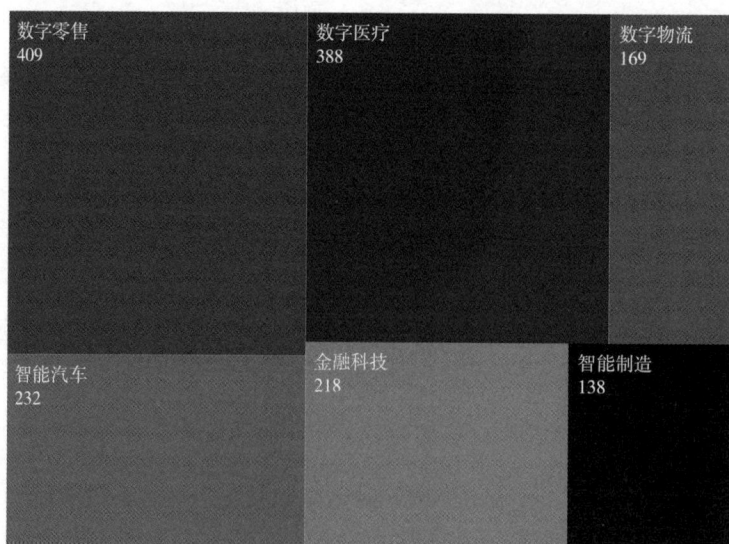

图4-2　2021年数字科技主要行业赛道股权融资数量分布（笔）

数据来源：零壹智库。

2019—2021 年，在数字零售、智能汽车、数字医疗、数字物流和智能制造领域，公开披露的融资金额逐年增长。其中，数字零售是唯一一个规模超过 1000 亿元的行业；智能制造融资规模相对较小，2021 年仅为 155.7 亿元。如果只看最近两年的数据，数字物流行业融资金额同比增长最快，达 245.6%，金融科技及智能制造行业融资金额也同比增长 200% 以上（见图 4-3）。

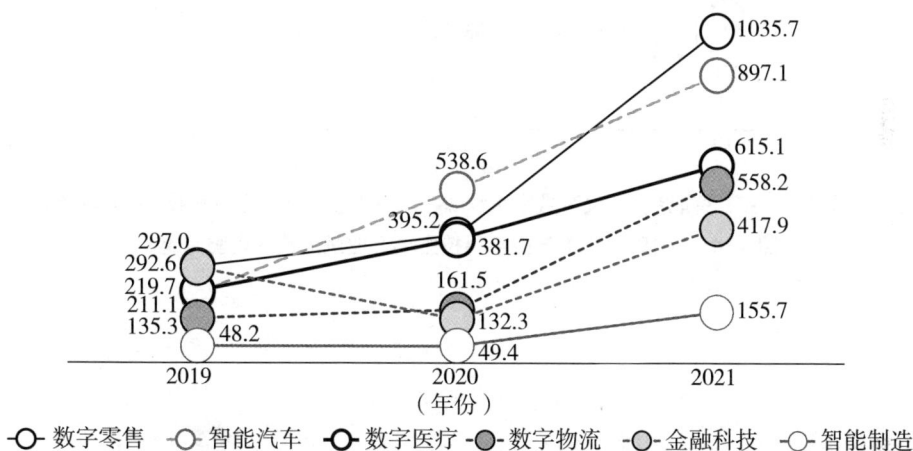

图 4-3　2019—2021 年数字科技主要行业融资金额走势（亿元）

数据来源：零壹智库。

从融资数量来看，6 个行业在 2020 年均有下滑，且 2021 年均出现反弹，超过 2019 年的水平。其中，智能汽车下滑幅度最小，反弹幅度最大，2021 年融资共计 232 笔，同比增长达 116.8%；数字零售下滑和反弹力度分别超过 30% 和 70%（见图 4-4）。

二、数字零售

据零壹智库的不完全统计，2019 年数字零售相关公司获得 348 笔融资，公开披露的融资金额仅为 297.0 亿元。2020 年，融资数量减少到 240 笔，同比大幅下降 31.0%，但融资金额同比增长了 33.1%。2021 年，融资数量反弹到 409 笔，融资金额更是飙升到 1035.7 亿元，成为唯一一个达到千亿元融资规模的行业（见图4-5）。

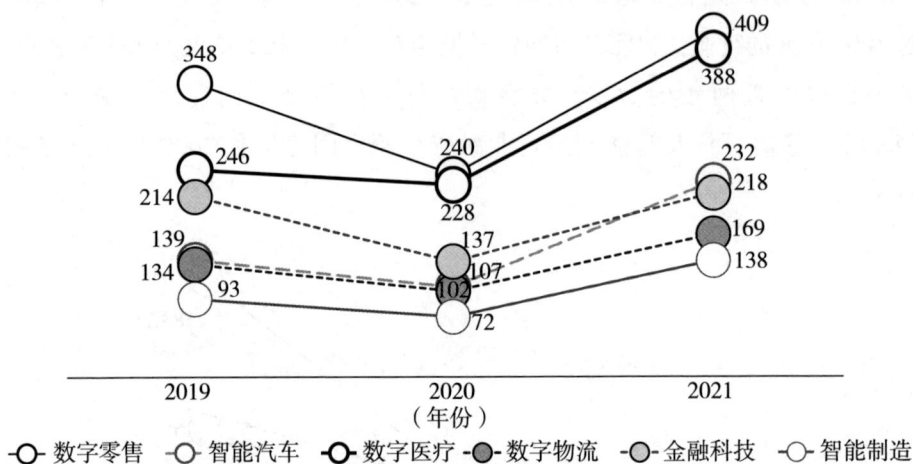

图 4-4　2019—2021 年数字科技主要行业融资数量走势（笔）

数据来源：零壹智库。

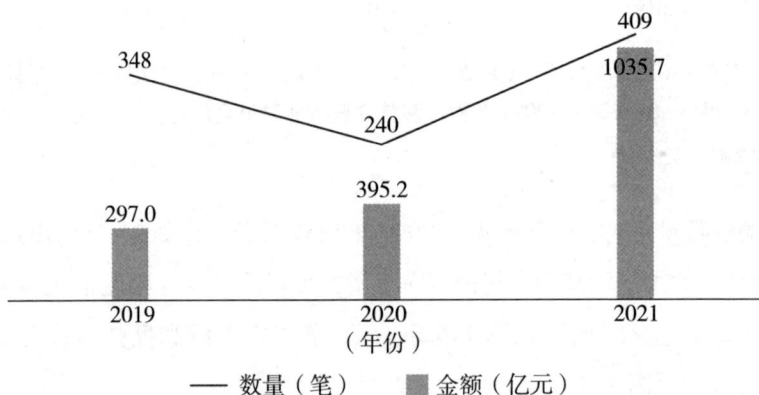

图 4-5　2019—2021 年数字零售相关公司股权融资数量及金额走势

数据来源：零壹智库。

如果剔除未披露融资金额的项目，2019—2021 年数字零售相关公司平均单笔融资金额稳步攀升，年增长率分别高达 57.5% 和 74.0%（见图 4-6）。2021 年，5 亿元以上的融资达到 32 笔，其中 19 笔融资金额达到 10 亿元，最高为兴盛优选的 30 亿美元（见表 4-2）。

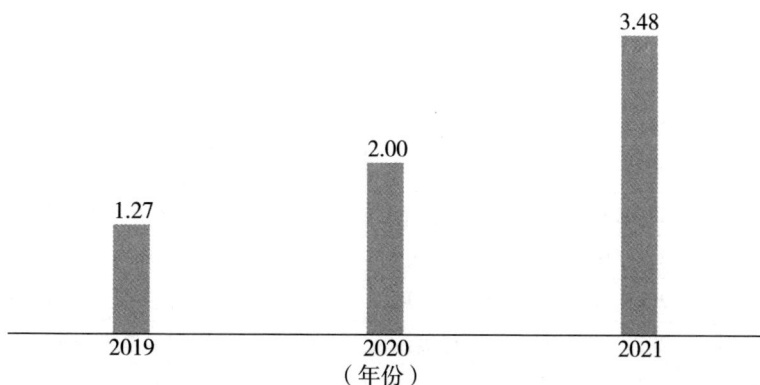

図 4-6　2019—2021 年数字零售相关公司平均单笔融资金额走势（亿元）

数据来源：零壹智库。

2020 年，受新冠疫情影响，社区团购成为新风口，兴盛优选、十荟团、叮咚买菜、菜划算等新兴社区电商平台成为资本的"宠儿"，美团、拼多多、滴滴、京东、快手等互联网巨头纷纷入场。兴盛优选三年获得 8 次融资，总额超过 50 亿美元；十荟团三年密集完成 6 次融资，总额高达 12 亿美元。疫情也在一定程度上促进了跨境电商的发展，以 PatPat、SHEIN、行云集团等为代表的跨境电商或跨境服务平台都拿到 5 亿美元及以上的融资。

表 4-2　2019—2021 年数字零售相关公司融资情况（金额≥10 亿元）

序号	公司	日期	轮次	金额	城市	公司简介
1	兴盛优选	2021-02	战略	30 亿美元	长沙	社区电商服务商
2	苏宁易购	2021-07	战略	88 亿元	南京	综合网上购物平台
3	云网万店	2020-11	A	60 亿元	深圳	电商全场景融合交易服务商
4	兴盛优选	2020-07	C+	8 亿美元	长沙	社区电商服务商
5	十荟团	2021-03	D	7.5 亿美元	北京	美食社区电商平台
6	兴盛优选	2020-12	战略	7 亿美元	长沙	社区电商服务商
7	叮咚买菜	2021-04	D	7 亿美元	上海	生鲜电商平台
8	行云集团	2021-04	C+	6 亿美元	深圳	全球商品综合服务平台
9	微盟	2021-05	战略	6 亿美元	上海	微信平台营销推广服务平台
10	PatPat	2021-07	D	5.1 亿美元	深圳	母婴出口电商平台

序号	公司	日期	轮次	金额	城市	公司简介
11	喜茶	2021-07	D	5亿美元	深圳	茶饮原创品牌
12	SHEIN	2019-12	D	5亿美元	南京	快时尚跨境电商网站
13	小红书	2021-11	E	5亿美元	上海	海外购物分享社区电商平台
14	多点Dmall	2020-10	C	28亿元	北京	生鲜日用百货零售平台
15	叮咚买菜	2021-05	D+	3.3亿美元	上海	生鲜电商平台
16	慧策	2021-10	D	3.12亿美元	北京	一体化智能零售服务商
17	Wish	2019-08	H	3亿美元	上海	愿望清单式购物平台
18	Weee!	2021-03	D	3亿美元	上海	面向海外华人的社会化电商平台
19	兴盛优选	2021-07	战略	3亿美元	长沙	社区电商服务商
20	百布	2019-12	D	3亿美元	广州	纺织品交易型移动电商平台
21	KK集团	2021-07	战略	3亿美元	深圳	全品类跨境零售商
22	药师帮	2021-06	战略	2.7亿美元	广州	医药B2B电商平台
23	锐锢商城	2021-10	D	2.5亿美元	上海	五金机电工具电商平台
24	中商惠民	2019-09	C	16亿元	北京	社区电子商务服务提供商
25	宝尊电商	2021-09	战略	2.179亿美元	上海	国内知名品牌电商服务供应商
26	兴盛优选	2019-09	B	超2亿美元	长沙	社区电商服务商
27	行云集团	2020-09	C	2亿美元	深圳	全球商品综合服务平台
28	本来生活	2019-10	D	2亿美元	北京	鲜疏水果电商网站
29	十荟团	2020-11	C++	1.96亿美元	北京	美食社区电商平台
30	PatPat	2021-08	D+	1.6亿美元	深圳	母婴出口电商平台
31	梦饷集团	2020-11	C	数十亿元	上海	微商代购分销平台
32	菜划算	2021-02	战略	10亿元	杭州	社区生鲜团购平台
33	KK集团	2020-07	E	10亿元	深圳	全品类跨境零售商

数据来源：零壹智库。

不过，拿到巨额融资并不意味着发展顺利。2021年7月，苏宁易购宣布由江苏南京国资牵头，多方联合向其投资88.3亿元，获得16.96%的股份，但苏宁易购深陷债务泥潭。在巨头自营业务的冲击下，兴盛优选于2021年7月全面停止了未开发区域的市场进入和新区域配送站的建设，从2022年开始"不务正业"卖起了服装。十荟团因资金链断裂，于2022年3月正式全面关停。

三、智能汽车

近年来，在政策与产业端的双轮驱动下，我国新能源车和智能汽车产业蓬勃发展，产销规模持续快速增长。IDC 数据显示，2021 年我国智能网联汽车出货量达到 1370 万辆，预计 2025 年出货量将增至 2490 万辆，智能网联系统在汽车产业内的装配率将达到 83%。造车新势力、互联网巨头、传统车企纷纷入局，使得智能汽车及产业链上的技术服务提供方备受追捧。

据零壹智库的不完全统计，2019 年，智能汽车相关公司获得 139 笔融资，公开披露的融资金额约为 211.1 亿元。2020 年，融资数量减少到 107 笔，同比减少 23.0%；融资金额攀升到 538.6 亿元，同比增长 155.1%。2021 年，融资数量强势反弹，同比增长 116.8%；金额继续攀升到 897.1 亿元，同比增长 66.6%（见图 4-7）。

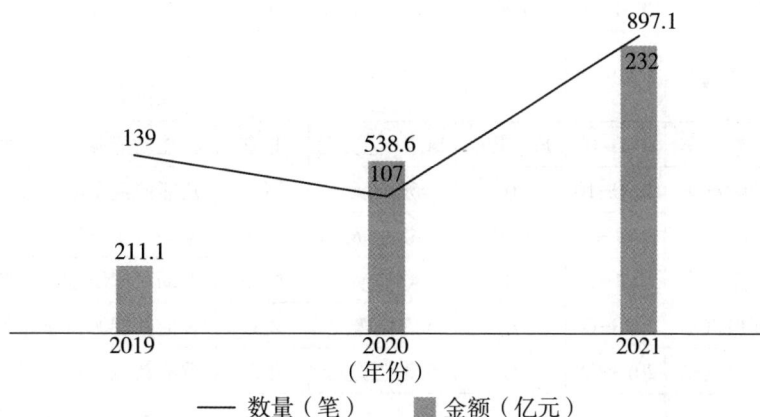

图 4-7　2019—2021 年智能汽车相关公司股权融资数量及金额走势

数据来源：零壹智库。

如果剔除未披露融资金额的项目，2020 年及 2021 年智能汽车相关公司平均单笔融资金额高达 6.34 亿元和 5.40 亿元（见图 4-8）。单笔 10 亿元及以上的融资在 2020 年达到 14 笔，2021 年更是多达 22 笔，其中蔚来汽车、宝能汽车、威马汽车单笔融资金额甚至超过 100 亿元，理想汽车、天际汽车单笔融资金额也超过 50 亿元（见表 4-3）。

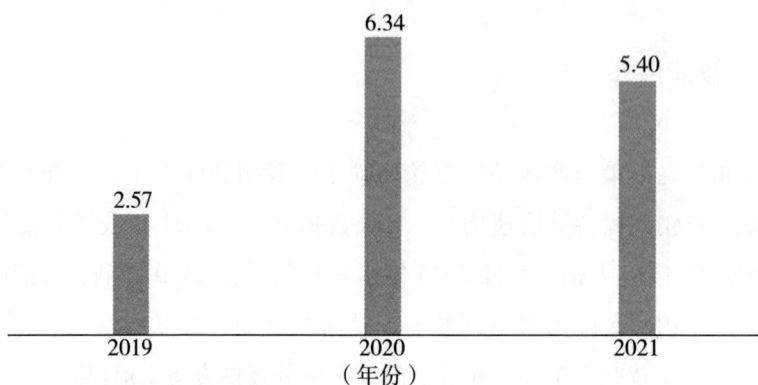

图4-8　2019—2021年智能汽车相关公司平均单笔融资金额走势（亿元）

数据来源：零壹智库。

表4-3　2019—2021年智能汽车相关公司融资情况（金额≥10亿元）

序号	公司	日期	轮次	金额	城市	公司简介
1	蔚来汽车	2021-11	战略	20亿美元	上海	智能电动汽车研发商
2	宝能汽车	2021-06	战略	120亿元	深圳	新能源汽车集团
3	威马汽车	2020-09	D	100亿元	上海	新能源汽车产品及出行方案提供商
4	理想汽车	2020-07	Pre-IPO	14.73亿美元	北京	智能新能源汽车研发商
5	天际汽车	2020-10	B	50亿元	绍兴	新能源汽车研发商
6	零跑汽车	2021-07	Pre-IPO	45亿元	杭州	电动汽车研发生产商
7	零跑汽车	2021-01	B	43亿元	杭州	电动汽车研发生产商
8	理想汽车	2020-06	D	5.5亿美元	北京	智能新能源汽车研发商
9	理想汽车	2019-08	C	5.3亿美元	北京	智能新能源汽车研发商
10	拜腾汽车	2019-09	C	5亿美元	南京	智能电动车以及智能汽车研发商
11	小鹏汽车	2020-07	C+	近5亿美元	广州	电动汽车生产制造商
12	Momenta	2021-03	C	5亿美元	北京	自动驾驶技术研发商
13	Momenta	2021-11	C+	超5亿美元	北京	自动驾驶技术研发商
14	小马智行	2020-02	B	4.62亿美元	北京	自动驾驶解决方案提供商
15	斑马网络	2021-07	战略	30亿元	上海	互联网汽车整体解决方案提供商

序号	公司	日期	轮次	金额	城市	公司简介
16	小鹏汽车	2020-08	C++	4亿美元	广州	电动汽车生产制造商
17	小鹏汽车	2019-11	C	4亿美元	广州	电动汽车生产制造商
18	阿维塔科技	2021-11	战略	24.2亿元	重庆	智能网联与新能源汽车产业链服务商
19	图森未来	2020-11	E	3.5亿美元	北京	自动驾驶技术研发与应用服务提供商
20	文远知行	2021-05	C	3.1亿美元	广州	汽车自动驾驶系统研发商
21	天际汽车	2019-04	A	超20亿元	绍兴	新能源汽车研发商
22	元戎启行	2021-09	B	3亿美元	深圳	自动驾驶运营服务提供商
23	滴滴自动驾驶	2021-05	战略	超3亿美元	上海	自动驾驶汽车技术提供商
24	威马汽车	2021-10	D+	超3亿美元	上海	新能源汽车产品及出行方案提供商
25	禾赛科技	2021-06	D	超3亿美元	上海	自动驾驶雷达研发商
26	集度JiDU	2021-03	种子	超3亿美元	上海	智能汽车品牌
27	哈啰出行	2021-11	战略	2.8亿美元	上海	无桩共享单车平台
28	赢彻科技	2021-08	B	2.7亿美元	上海	自动驾驶技术研发商
29	小马智行	2020-11	C	2.67亿美元	北京	自动驾驶解决方案提供商
30	哈啰出行	2021-03	G	2.34亿美元	上海	无桩共享单车平台
31	智加科技	2021-03	D+	2.2亿美元	苏州	人工智能自动驾驶技术
32	特来电	2020-03	A	13.5亿元	青岛	新能源汽车充电解决方案提供商
33	亿咖通科技	2020-10	A	13亿元	杭州	汽车智能化与网联化服务商
34	亿咖通科技	2021-02	A+	2亿美元	杭州	汽车智能化与网联化服务商
35	智加科技	2021-02	D	2亿美元	苏州	人工智能自动驾驶技术
36	智加科技	2019-08	B	2亿美元	苏州	人工智能自动驾驶技术
37	文远知行	2020-12	B	2亿美元	广州	汽车自动驾驶系统研发商

序号	公司	日期	轮次	金额	城市	公司简介
38	禾赛科技	2020-01	C	1.73 亿美元	上海	自动驾驶雷达研发商
39	天天拍车	2020-10	D+	1.68 亿美元	上海	二手车竞拍平台
40	芯驰半导体	2021-07	B	10 亿元	南京	汽车智能驾驶芯片研发商
41	爱驰汽车	2019-05	B	10 亿元	上饶	智能电动汽车制造商
42	毫末智行	2021-12	A	约 10 亿元	北京	自动驾驶解决方案服务商

数据来源：零壹智库。

四、数字医疗

医疗数字化转型可以说已经走在各行各业的前面，后疫情时代更是加剧了这一趋势。医疗数字化的主要形态包括互联网医疗、医药电商、医疗大数据、医疗信息化、AI 医疗、医疗机器人等。

据零壹智库的不完全统计，2019 年，数字医疗相关公司获得 246 笔融资，公开披露的融资金额约为 219.7 亿元。2020 年，融资数量略有减少，为 228 笔，但融资金额同比增长 73.7%至 381.7 亿元。2021 年，融资数量和金额继续大增，分别为 388 笔和 615.1 亿元，同比增幅分别为 70.2%和 61.1%（见图 4-9）。

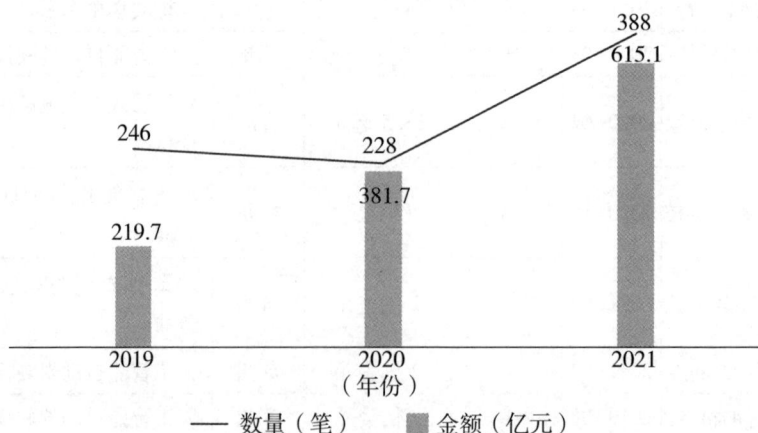

图 4-9　2019—2021 年数字医疗相关公司股权融资数量及金额走势

数据来源：零壹智库。

如果剔除未披露融资金额的项目，2020年和2021年单笔融资金额均在2亿元以上，较2019年高出30%多（见图4-10）。2019—2021年，5亿元及以上的融资达到63笔，其中2021年有37笔。

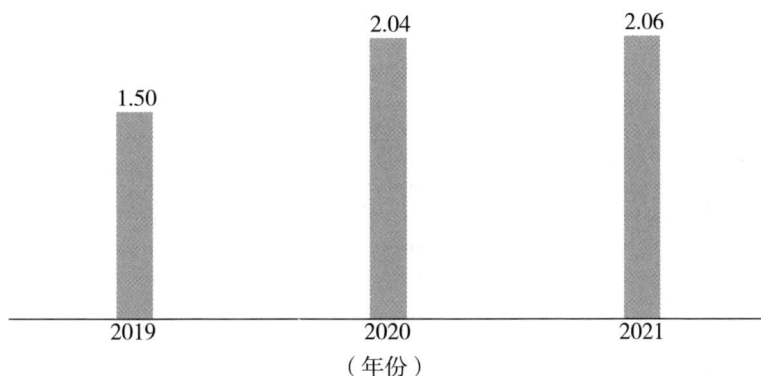

图 4-10 2019—2021 年数字医疗相关公司平均单笔融资金额走势（亿元）

数据来源：零壹智库。

2019—2021年，多家数字医疗公司获得的融资总额超过50亿元。比如，生命数字化全套设备研发商华大智造完成总额12亿美元的A、B轮融资，后于2022年9月登陆科创板；京东集团旗下专注于医疗健康业务的子集团京东健康三轮融资金额合计31.9亿美元，并于2020年年底登陆港交所；就医、用药、支付三大场景综合性服务平台圆心科技完成9轮融资，总额超过70亿元。

2019—2021年融资10亿元及以上的数字医疗相关公司如表4-4所示。

表 4-4 2019—2021 年数字医疗相关公司融资情况（金额≥10亿元）

序号	公司	日期	轮次	金额	城市	公司简介
1	华大智造	2020-05	B	10亿美元	深圳	生命数字化全套设备研发商
2	京东健康	2019-11	A	超10亿美元	香港	医疗健康服务平台
3	京东健康	2020-08	B	8.3亿美元	香港	医疗健康服务平台
4	医联	2021-12	E	5.14亿美元	成都	医生社交服务平台

序号	公司	日期	轮次	金额	城市	公司简介
5	圆心科技	2021-02	E	30亿元	北京	就医、用药、支付三大场景综合性服务平台
6	微医控股	2021-02	Pre-IPO	4亿美元	杭州	互联网医疗健康服务平台
7	晶泰科技	2021-08	D	4亿美元	深圳	智能药物技术研发商
8	晶泰科技	2020-09	C	3.19亿美元	深圳	智能药物技术研发商
9	思派网络	2020-12	E	20亿元	北京	肿瘤领域数据平台
10	镁信健康	2021-08	C	20亿元	上海	医疗创新支付服务提供商
11	药师帮	2021-06	战略	2.7亿美元	广州	医药B2B电商平台
12	昭衍新药	2021-02	Pre-IPO	2.68亿美元	北京	药物检测及评价服务提供商
13	Insilico Medicine	2021-06	C	2.55亿美元	上海	美国抗衰老及癌症治疗药物研发商
14	企鹅杏仁	2019-04	C	2.5亿美元	上海	医患在线沟通平台
15	圆心科技	2021-08	F	15亿元	北京	就医、用药、支付三大场景综合性服务平台
16	叮当快药	2021-06	战略	2.2亿美元	北京	互联网"医疗+医药"健康到家服务平台
17	华大智造	2019-05	A	2亿美元	深圳	基因测序仪、配套试剂及耗材研发商
18	精锋医疗	2021-11	C	超2亿美元	深圳	智能手术系统研发商
19	科济生物	2020-11	C	1.86亿美元	上海	CAR-T细胞免疫疗法研发商
20	太美医疗	2020-09	G	超12亿元	嘉兴	生命科学领域云解决方案提供商
21	上药云健康	2021-02	B	10.33亿元	上海	云医药O2O公司
22	思派网络	2019-11	D+	10亿元	北京	肿瘤领域数据平台
23	镁信健康	2021-03	B	10亿元	上海	医疗创新支付服务提供商
24	叮当快药	2020-10	B+	10亿元	北京	互联网"医疗+医药"健康到家服务平台

数据来源：零壹智库。

五、数字物流

数字化转型给物流行业带来了巨大变革，电商兴起后，数字化、智慧化物流体系成为发展趋势。伴随着行业景气度的不断提升，数字物流行业投融资规模快速增长。据零壹智库的不完全统计，2019 年，数字物流相关公司获得 134 笔融资，公开披露的融资金额约为 135.3 亿元。2020 年，融资数量略有下降到 102 笔，同比减少 7.3%，融资金额则同比增长 19.4%。2021 年，融资数量和金额均创新高，分别达到 169 笔和 558.2 亿元（见图 4-11）。

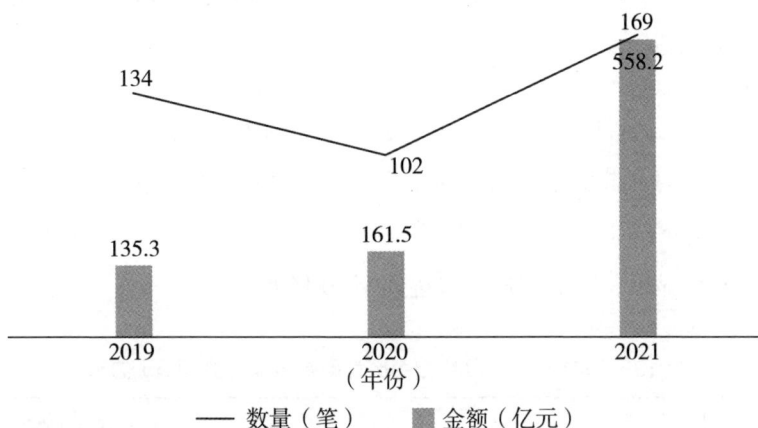

图 4-11　2019—2021 年数字物流相关公司股权融资数量及金额走势

数据来源：零壹智库。

如果剔除未披露融资金额的项目，2019 年平均单笔融资金额高达 1.65 亿元，随后两年持续增长，2021 年约为 4.69 亿元（见图 4-12），仅次于智能汽车行业。4 家公司单笔融资金额超过 50 亿元，均发生在 2021 年（见表 4-5）。

目前头部数字物流公司基本成立于 2013 年后，包括货拉拉和菜鸟网络（2013 年）、达达集团（2014 年）、极兔速递（2015 年成立，2019 年进军中国市场）、京东物流（2017 年自京东集团拆分独立）等。

2021 年 1 月，同城货运 O2O 服务平台货拉拉完成 15 亿美元 F 轮融资，此前两年也分别融资 3 亿美元和 5.15 亿美元，三年融资总额达到 23.15 亿美元。截至 2021 年 5 月，货拉拉的业务范围已覆盖 363 座中国内地城市，平均

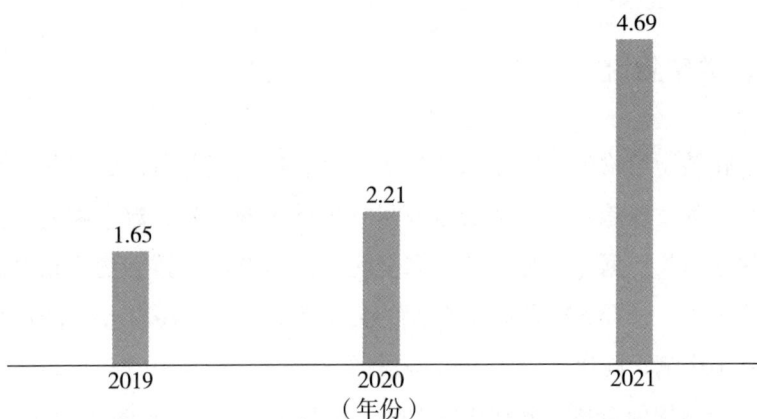

图 4-12 2019—2021 年数字物流相关公司平均单笔融资金额走势（亿元）

数据来源：零壹智库。

月活司机 62 万，月活用户达 800 万，公司估值约为 100 亿美元。

2021 年 4 月，起家于东南亚并在国内快速发展的极兔速递完成 18 亿美元 A 轮融资，同年 8 月完成 2.5 亿美元 B 轮融资。2021 年 12 月，胡润《2021 全球独角兽榜》显示，极兔速递估值达到 1300 亿元。

表 4-5 2019—2021 年数字物流相关公司融资情况（金额≥5 亿元）

序号	公司	日期	轮次	金额	城市	公司简介
1	极兔速递	2021-04	A	18 亿美元	上海	科技创新型互联网快递企业
2	京东物流	2021-05	Pre-IPO	119 亿港元	北京	物流及快递配送服务商
3	货拉拉	2021-01	F	15 亿美元	深圳	同城货运 O2O 服务平台
4	达达集团	2021-03	战略	8 亿美元	上海	同城配送服务商
5	行云集团	2021-04	C+	6 亿美元	深圳	全球商品综合服务平台
6	货拉拉	2020-12	E	5.15 亿美元	深圳	同城货运 O2O 服务平台
7	准时达	2019-01	A	24 亿元	成都	国际供应链管理解决方案合作商
8	震坤行	2020-10	E	3.15 亿美元	上海	一站式 MRO 工业用品采购服务平台
9	货拉拉	2019-02	D	3 亿美元	深圳	同城货运 O2O 服务平台

续　表

序号	公司	日期	轮次	金额	城市	公司简介
10	壹米滴答	2019-01	D	18亿元	上海	物流网络平台
11	极兔速递	2021-08	B	2.5亿美元	上海	科技创新型互联网快递企业
12	行云集团	2020-09	C	2亿美元	深圳	全球商品综合服务平台
13	Geek+	2020-06	C+	2亿美元	北京	物流机器人及智能物流解决方案提供商
14	福佑卡车	2021-04	E	2亿美元	南京	城际整车运输互联网交易平台
15	震坤行	2019-06	D	1.6亿美元	上海	一站式MRO工业用品采购服务平台
16	壹米滴答	2020-02	D+	近10亿元	上海	物流网络平台
17	快仓智能	2020-12	C+	近10亿元	上海	智能仓储解决方案提供商
18	宅急送	2021-04	B	10亿元	北京	直营快递物流服务提供商
19	天地汇	2021-01	D	7亿元	上海	公路货运公共承运平台
20	纵腾集团	2019-03	B	7亿元	福州	综合型国际贸易及软件开发服务商
21	行云集团	2019-05	B+	1亿美元	深圳	全球商品综合服务平台
22	聚盟物流	2020-12	B+	1亿美元	苏州	大票零担网络运营服务商
23	凯谱乐	2019-06	C	1亿美元	北京	线上免税海淘店
24	滴普科技	2021-08	B	1亿美元	北京	数字化服务平台
25	快狗打车	2021-07	战略	约1亿美元	天津	互联网O2O同城货运服务商
26	则一供应链	2020-11	C	近6亿元	上海	干线运输物流综合服务商
27	纵腾集团	2020-07	C	5亿元	福州	跨境电商国际化物流商

数据来源：零壹智库。

六、金融科技

据零壹智库的不完全统计，2019年，金融科技相关公司获得214笔融资，公开披露的融资金额约为 292.6 亿元。2020 年，融资数量骤降到 137 笔，同比减少 36.0%，融资金额不足上年的一半。2021 年，融资数量和金额强势反弹到 218 笔和 417.9 亿元，数量同比增长 59.1% 且略高于 2019 年，金额则为上年的 3.2 倍（见图 4-13）。

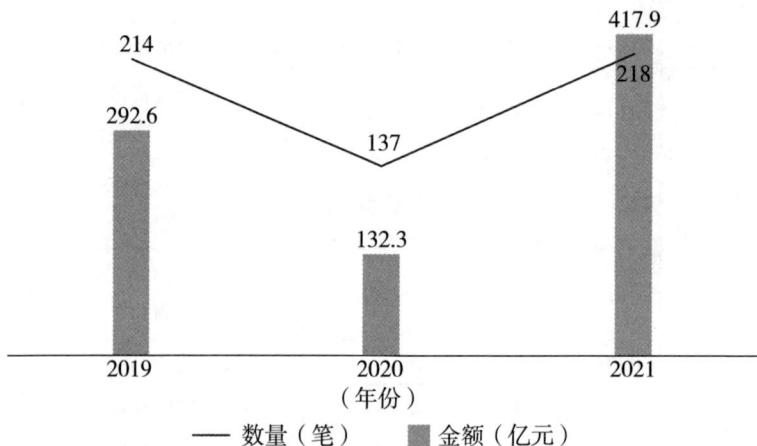

图 4-13　2019—2021 年金融科技相关公司股权融资数量及金额走势

数据来源：零壹智库。

　　如果剔除未披露融资金额的项目，2021 年平均单笔融资金额高达 2.43 亿元，高于 2019 年的水平（见图 4-14）。2021 年，5 亿元及以上的融资达到 22 笔，其中 10 笔达到或超过 10 亿元（见表 4-6）。

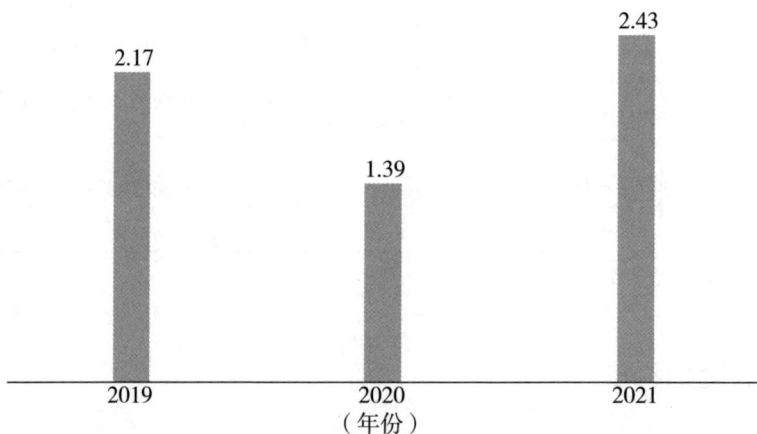

图 4-14　2019—2021 年金融科技相关公司平均单笔融资金额走势（亿元）

数据来源：零壹智库。

表 4-6　　2019—2021 年金融科技相关公司融资情况（金额≥5 亿元）

序号	公司	日期	轮次	金额	城市	公司简介
1	苏宁金服	2019-09	C	100 亿元	上海	综合性金融服务提供商
2	东久新宜	2021-12	战略	15 亿美元	上海	新经济基础设施投资者及服务运营商
3	圆心科技	2021-02	E	30 亿元	北京	就医、用药、支付综合性服务平台
4	Transfer Wise	2020-07	战略	3.19 亿美元	香港	国际汇款转账服务平台
5	镁信健康	2021-08	C	超 20 亿元	上海	医疗创新支付服务提供商
6	百布	2019-12	D	3 亿美元	广州	纺织品交易型移动电商平台
7	Transfer Wise	2019-05	战略	2.92 亿美元	香港	国际汇款转账服务平台
8	微钱宝	2021-10	战略	18 亿元	上海	手机理财软件
9	云从科技	2020-05	C	18 亿元	广州	人工智能（智慧金融）公司
10	圆心科技	2021-08	F	15 亿元	北京	就医、用药、支付综合性服务平台
11	大童保险	2021-11	战略	超 15 亿元	北京	第三方金融保险服务机构
12	水滴保险	2020-08	D	2.3 亿美元	西安	优选保险平台
13	百融云创	2021-03	Pre-IPO	2.2 亿美元	北京	大数据金融信息服务提供商
14	Airwallex	2021-09	E	2 亿美元	深圳	全球跨境支付平台
15	WeLab	2019-12	C	11 亿元	深圳	互联网金融平台
16	Airwallex	2020-04	D	1.6 亿美元	深圳	全球跨境支付平台
17	镁信健康	2021-03	B	10 亿元	上海	医疗创新支付服务提供商
18	高灯科技	2019-10	B	超 10 亿元	深圳	电子发票解决方案提供商
19	水滴保险	2019-06	C	10 亿元	西安	优选保险平台
20	杭银消金	2021-03	战略	数十亿元	杭州	消费金融服务提供商

序号	公司	日期	轮次	金额	城市	公司简介
21	Qupital	2021-11	B	1.5亿美元	香港	香港在线发票贴现交易平台
22	小盒科技	2019-05	D	1.5亿美元	北京	K12在线作业服务提供商
23	雪球投资	2020-12	E	1.2亿美元	北京	互联网金融信息服务公司
24	建信金科	2021-06	战略	7.5亿元	上海	金融科技服务提供商
25	苏银金融	2021-09	战略	7.33亿元	南京	综合金融服务提供商
26	百布	2021-01	D+	1.1亿美元	广州	纺织品交易型移动电商平台
27	迅策科技	2021-05	C	7亿元	深圳	交易管理系统及交易机器人开发商
28	Akulaku	2019-01	D	1亿美元	深圳	跨境3C产品分期购物平台
29	同盾科技	2019-04	D	超1亿美元	杭州	金融风险控制和反欺诈服务提供商
30	通联数据	2021-09	战略	1亿美元	上海	智能投顾服务提供商
31	点融网	2019-06	E	1亿美元	上海	互联网投资理财平台
32	Airwallex	2021-11	E+	1亿美元	深圳	全球跨境支付平台
33	Airwallex	2021-03	D+	1亿美元	深圳	全球跨境支付平台
34	Airwallex	2019-03	C	1亿美元	深圳	全球跨境支付平台
35	西瓜买单	2021-08	A	近1亿美元	海南	零息信贷支付产品
36	睿智科技	2019-05	A	6.5亿元	苏州	金融机构数据洞察服务平台
37	分贝通	2021-03	C	9250万美元	北京	企业全流程管控消费平台
38	圆心科技	2020-06	D	6亿元	北京	就医、用药、支付综合性服务平台
39	云帐房	2019-12	D	8500万美元	南京	财税管理SaaS服务商
40	百望云	2019-03	A	5.17亿元	北京	电子发票及纸票一体化云服务平台
41	WeLab	2021-03	C+	5亿元	深圳	互联网金融平台

序号	公司	日期	轮次	金额	城市	公司简介
42	圆心科技	2019-01	C+	5亿元	北京	就医、用药、支付综合性服务平台
43	水滴保险	2019-03	B	5亿元	西安	优选保险平台
44	百望云	2021-06	Pre-IPO	5亿元	北京	电子发票及纸票一体化云服务平台
45	百望云	2019-08	B	5亿元	北京	电子发票及纸票一体化云服务平台

数据来源：零壹智库。

七、智能制造

据零壹智库的不完全统计，2019年，智能制造相关公司获得93笔融资，公开披露的融资金额约为48.2亿元。2020年，融资数量降到72笔，同比减少22.6%，融资金额则略有增长。2021年，融资数量飙升到138笔，同比增长91.7%，金额更是达到上年的3.2倍（见图4-15）。

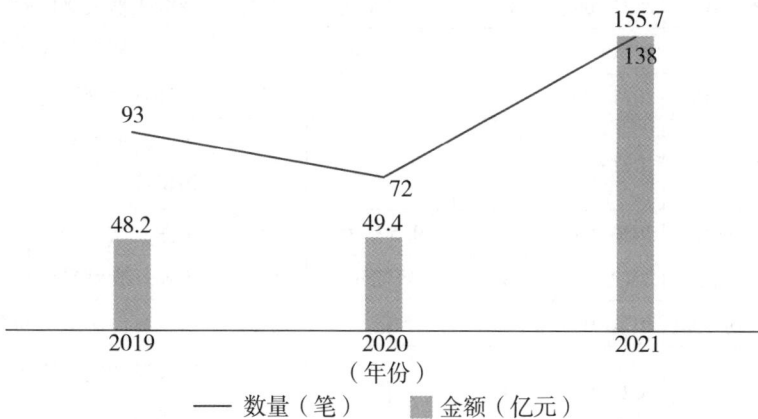

图4-15 2019—2021年智能制造相关公司股权融资数量及金额走势

数据来源：零壹智库。

如果剔除未披露融资金额的项目，2021年平均单笔融资金额约为1.42亿元，显著高于前两年的水平（见图4-16）。3年间，约10亿元及10亿元以上的融资有 6 笔，其中 2021 年有 5 笔（见表 4-7）。

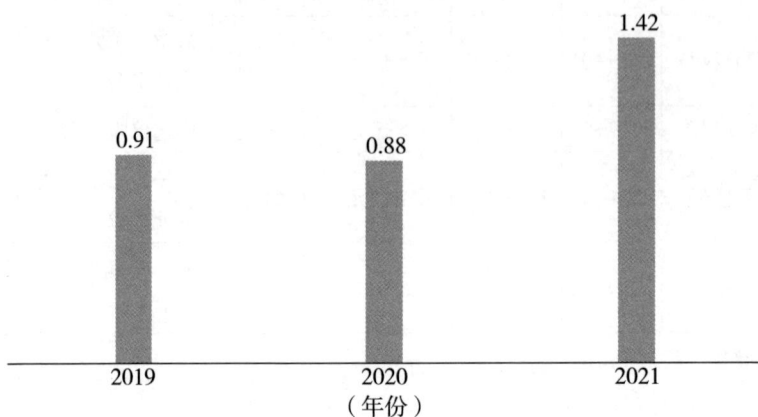

图 4-16 2019—2021 年智能制造相关公司平均单笔融资金额走势（亿元）

数据来源：零壹智库。

表 4-7 2019—2021 年智能制造相关公司融资情况（金额≥2 亿元）

序号	公司	日期	轮次	金额	城市	公司简介
1	航天云网	2021-03	战略	26.32 亿元	北京	工业互联网服务平台
2	达闼科技	2019-03	B	3 亿美元	深圳	云端智能机器人运营商
3	擎朗智能	2021-09	D	2 亿美元	上海	智能机器人研发商
4	达闼科技	2021-04	B+	10 亿元	深圳	云端智能机器人运营商
5	卡奥斯	2021-09	B	10 亿元	青岛	工业互联网平台
6	梅卡曼德	2021-09	C+	约 10 亿元	北京	工业机器人智能解决方案提供商
7	卡奥斯	2020-04	A	9.5 亿元	青岛	工业互联网平台
8	浪潮云	2019-07	B	6 亿元	济南	工业互联网平台开发商
9	黑湖智造	2021-02	C	5 亿元	上海	云端智能制造协同系统
10	德风科技	2021-04	B	5 亿元	北京	工业互联网全栈解决方案提供商
11	暗物智能科技	2020-06	A	5 亿元	广州	强认知人工智能平台开发商
12	镁伽机器人	2021-05	战略	6500 万美元	北京	协作机器人研发商
13	大族机器人	2021-06	B	3.95 亿元	深圳	机器人研发商

序号	公司	日期	轮次	金额	城市	公司简介
14	影刀 RPA	2021-08	B	5000 万美元	杭州	机器人流程自动化服务商
15	节卡机器人	2021-01	C	3 亿元	上海	协作机器人研发及智能装备系统集成商
16	徐工信息	2019-12	A	3 亿元	徐州	工业互联网技术及解决方案提供商
17	东经易网	2021-06	B+	2.5 亿元	温州	包装产业数字化解决方案服务商
18	乐聚机器人	2019-06	B	2.5 亿元	深圳	类人形机器人研发商
19	XYZ Robotics	2021-07	B	3500 万美元	上海	自动化分拣机器人研发商
20	深之蓝	2020-11	Pre-IPO	2 亿元	天津	水下智能装备研发商
21	擎朗智能	2019-12	B	2 亿元	上海	智能机器人研发商
22	新核云	2021-08	C	近 2 亿元	上海	数字化工厂全栈式解决方案提供商
23	珞石机器人	2021-05	C+	2 亿元	北京	工业机器人及控制系统研发生产商
24	德风科技	2020-10	A+	2 亿元	北京	工业互联网全栈解决方案提供商
25	卡奥斯	2020-07	A+	2 亿元	青岛	工业互联网平台
26	鹿优数科	2021-09	A	超 1 亿元	烟台	纺织行业智能制造云平台

数据来源：零壹智库。

第五章

领军股权投资机构的选择

在《未来简史》中，尤瓦尔·赫拉利认为"数据主义"将是人类历史的下一个落脚点。在"数据基座"变得日益坚实的当下，数字化已成为驱动企业增长的核心原动力之一。

从2010年移动互联网时代开启以来，中国的数字化浪潮一浪盖过一浪，现在数字化浪潮正在各行各业不断渗透和延展。

股权投资机构是数字化浪潮中的重要支持者和参与者，它们利用自己的经验、资源和资本，推动了"数字产业化"的浪潮，现在也在参与各行各业的数字化实践，助力中国的"产业数字化"，推动中国的数字化浪潮不断向前。

那么，哪些股权投资机构在数字科技领域最活跃？它们更青睐哪些数字科技公司？我们梳理了数字科技股权投资数据后发现，红杉中国、腾讯投资、高瓴集团、经纬创投、IDG资本、深创投、顺为资本、真格基金这八家机构在数字科技领域的投资活动最为活跃。

这8家机构中，有5家在北京，另3家在广东。IDG资本和深创投是在2000年前成立的老牌股权投资机构，红杉中国、腾讯投资、高瓴集团和经纬创投成立于2000年至2010年，顺为资本和真格基金是2010年之后成立的股权投资机构。

这8家数字经济领域的"弄潮儿"，在国内都拥有较高的知名度和较大的影响力，它们背景不同，各具特色，投资方向也各有侧重。

红杉中国是数字科技领域股权投资机构中的"领头羊"，对数字科技项目的投资数量占其所有领域投资数量的近一半。在数字科技领域，红杉中国下手早，收获也多。2019—2021年红杉中国投资的数字科技企业中目前已有多家成功登陆资本市场。

腾讯投资成立于2008年，是腾讯集团的投资部门与核心战略部门之一。

腾讯投资服务于腾讯集团，而腾讯集团的目标是建立生态。腾讯投资近年来明显加速了对数字科技的投资投入，通过自身独特的战略投资优势，和越来越多的企业形成协同效应。

作为股权投资头部机构，高瓴集团对数字科技趋势有着清晰的判断，正在用高科技的力量帮助传统产业通过科技驱动实现产业升级，而投资百丽集团就是其对传统产业进行数字化赋能的典型案例。

成立于 2008 年的经纬创投，投资领域广泛，包含新技术、硬科技、产业数字化、医疗、前沿技术、智能制造、新消费等行业，也投资了多家知名数字科技企业。经纬创投除专注于投资外，还非常注重对企业的投后服务。

创立于 1992 年的 IDG 资本是一家外资创投机构，拥有辉煌的投资战绩，其投资的企业超过 1500 家，有 400 多次成功退出的记录。而在数字科技领域，IDG 资本的投资活动同样活跃，近年来对数字科技企业的投资数量也在稳步增长。IDG 资本更加侧重于企业服务和人工智能、大数据方面的布局。

深创投创立于 1999 年，是投资机构当中较为少见的"国家队"。深创投在投资时主要关注具有自主技术、立足新兴产业的企业。深创投在硬科技赛道的投资无疑具有数量上的优势，与此同时，它也在不断扩大在数字科技领域的投资布局。

顺为资本是中国互联网代表人物雷军和资深投资人许达来联合创办的一家 VC，重点关注移动互联网、互联网+、智能硬件、智能制造、深科技、消费、企业服务、电动汽车生态等领域，投资的企业包括多家独角兽甚至超级独角兽，且有多家企业已经上市。

真格基金是由新东方联合创始人徐小平、王强与红杉中国共同创立的早期投资机构，其自身定位为"科技天使"。真格基金自创立伊始，一直积极在未来科技、人工智能、企业服务、医疗健康、大消费、移动互联网等领域寻找优秀的创业团队和引领时代的投资机会。从创立至今，真格基金投资的创业公司超过 800 家，超过 110 个项目通过多种方式实现退出。

本章内容对 8 家机构（见表 5-1）展开详细分析，试图了解这些机构的历史战绩、团队能力以及在数字科技领域的布局情况。

表5-1　　2019—2021年布局数字科技项目数量最多的8家股权投资机构

投资机构	所在地	成立时间	2019—2021年数字科技项目投资数量（起）
红杉中国	北京	2005年	305
腾讯投资	广东	2008年	195
高瓴集团	广东	2005年	171
经纬创投	北京	2008年	162
IDG资本	北京	1992年	126
深创投	广东	1999年	120
顺为资本	北京	2011年	119
真格基金	北京	2012年	104

资料来源：零壹智库、《陆家嘴》杂志。

一、红杉中国：科技投资"领头羊"，关注四大方向

红杉资本中国基金（包括红杉资本、红杉基金、红杉中国种子基金和红杉宽带跨境数字产业基金，简称"红杉中国"）是数字科技的领军投资机构。

过去10年，红杉中国一直积极参与和推动中国的数字化浪潮。一方面，通过在数字科技领域的大量投资，推动数字科技的创新和应用，参与各行各业的数字化实践；另一方面，积极推动红杉成员企业拥抱数字化，在各自的业务中积极应用数字科技，并于2020年成立了全职的红杉数字化赋能团队，全面赋能企业，帮助它们提升数字化能力。

零壹智库的不完全统计显示，2019—2021年，红杉中国共参与投融资事件658起，其中投向数字科技企业的数量为305起，数字科技投融资占比达到46.4%。

（一）关注初创科技公司，人工智能备受青睐

红杉中国成立于2005年，由沈南鹏、张帆与红杉资本共同创办。红杉中国以高质量、快速增长的公司为投资目标，重点关注科技与传媒、消费品及现代服务、健康、能源与环保4个方向。

作为"创业者背后的创业者",红杉中国自成立以来投资了900多家具有鲜明技术特征、创新商业模式、具备高成长性和高发展潜力的企业。企查查数据显示,红杉中国目前管理总额约20亿美元和约人民币40亿元的总计7期基金。

关于数字化,红杉中国在2021年发布的《2021企业数字化年度指南》中表示,数字化已经成为企业的"必修课",而红杉中国坚定投资中国数字化进程,致力于推动社会信息化、数字化、智能化。据零壹智库的不完全统计,2019—2021年,红杉中国投向数字科技企业的投资事件为305起,排在所有投资机构的首位,尤其是2021年,投资数量大幅上升,较2020年增长100起,涨幅达到133%(见图5-1)。

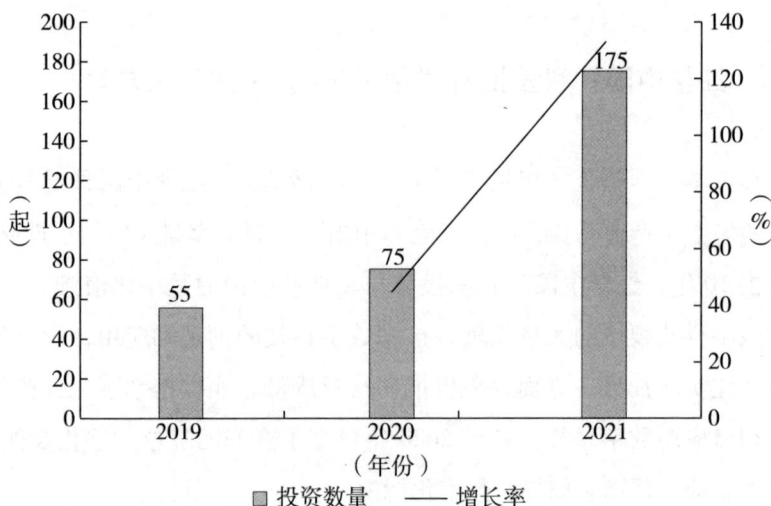

图 5-1　红杉中国 2019—2021 年数字科技项目投资数量

资料来源:零壹智库、《陆家嘴》杂志。

若按照行业分类,红杉中国投资的数字科技行业主要涉及人工智能、大数据、区块链等,其中人工智能行业为红杉中国重点布局对象,近3年在人工智能行业的投资占比近30%,投资了包括第四范式、依图科技、图灵机器人等多家明星AI企业(见图5-2)。

在2021年世界人工智能大会上,红杉中国创始人、执行合伙人沈南鹏表示,在算力呈指数级增长的前提下,生活细分场景的数据挖掘还有很大提升空间，应该将 AI 应用在更多的生活消费场景中落地，AI 的发展需要承担起赋能生活、提升人类幸福感的使命。

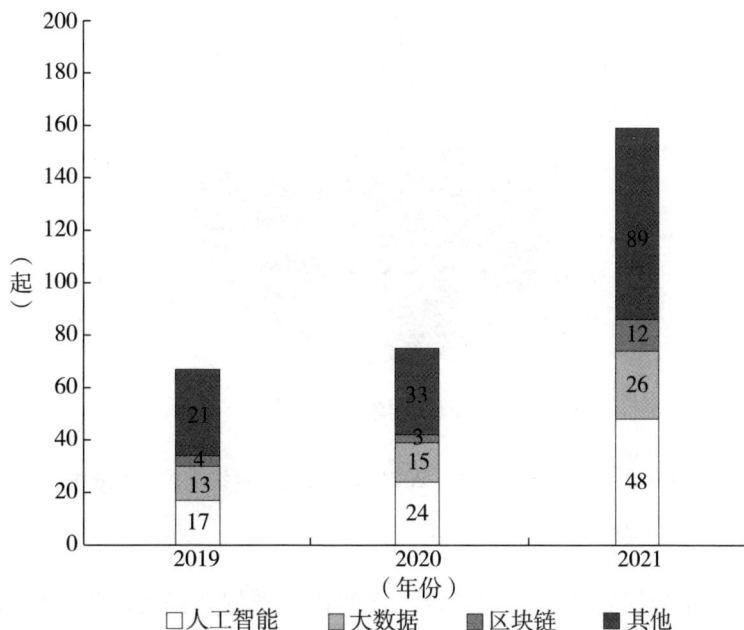

图 5-2　红杉中国 2019—2021 年投资数字科技不同行业情况

注："其他"包括 VR/AR、物联网、企业云服务、医疗信息化等领域。
资料来源：零壹智库、《陆家嘴》杂志。

红杉中国投资的多为初创、成长性较高的优质企业。据零壹智库的不完全统计，红杉中国近 3 年来，天使轮投融资比例占 10%，A 轮占 21%，若将 Pre-A 轮及 Pre-A+轮、A+轮及 A++轮纳入，则 A 轮投融资占比高达 39%（见图 5-3），其中不乏一些受市场高度关注的企业，如比亚迪半导体、星云 Clustar 等。

（二）沈南鹏引领多位明星合伙人

如今红杉中国有 200 多人，其中合伙人将近 20 人。红杉中国从创立之初就开始设立合伙人制，在投资会上，红杉中国没有 boss，不是某一个人说了算，而是集体决策。沈南鹏曾说，对一家投资公司来说，比看到一批被投企业成功上市更重要的是 partnership（合伙人制度）的演变和成熟。

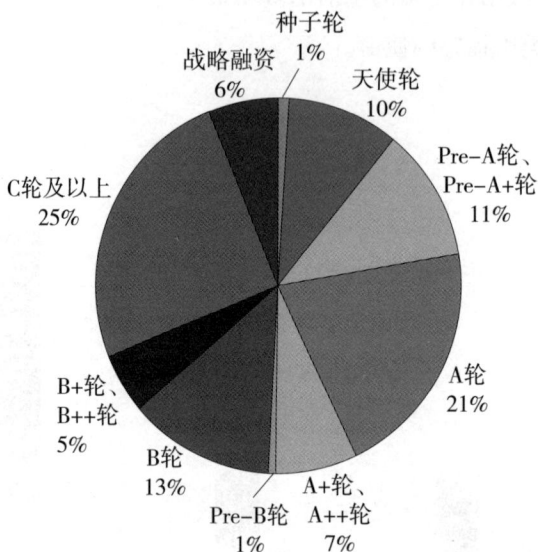

图 5-3　红杉中国 2019—2021 年投资数字科技企业轮次分布

资料来源：零壹智库、《陆家嘴》杂志。

　　沈南鹏作为创始人之一，有着丰富的投资和创业经历，除了红杉中国，沈南鹏还是携程旅行网和如家连锁酒店的创始人。作为创投人，他多次获得福布斯"中国最佳创投人"以及"中国最具影响力的 30 位投资人"等荣誉。沈南鹏在 HICOOL 2021 全球创业者峰会上表示，红杉中国坚持"投早、投小、投科技"，秉承"半公益"的态度去支持天使轮、种子轮等早期企业的发展。这种"半商业、半公益"的投资理念，将有助于打造"更有活力、更具价值"的创业生态。

　　翟佳，红杉中国董事总经理，在 2014 年加入红杉之前曾在知名互联网企业和早期投资机构任职，主导了多个互联网项目的投资与管理，涉及的领域包括电子商务、移动社区、社交、O2O 等。在进入风险投资领域之前，翟先生在谷歌任职，为谷歌全球合作伙伴提供咨询与合作，还曾负责广告产品及运营。

　　合伙人周逵专注于 TMT、医疗健康、工业科技等投资方向，负责投资的许多早、中期公司已发展成各细分市场的领导企业，其中近 10 家成为美国、中国香港和内地 A 股资本市场的上市公司。

合伙人刘星专注于科技传媒和消费领域的投资，在 2007 年加入红杉中国之前，他曾任美林集团亚洲基础设施投资银行部副总裁，服务过携程旅行网、神州数码、海王星辰连锁药店等客户。在此之前，刘星曾任职于美国施乐（Xerox）和硅谷的创业型科技公司，先后负责技术研发、产品管理、战略规划与管理咨询等工作。

合伙人郭山汕，专注互联网科技和消费升级领域的投资，在红杉中国主导投资项目包括中通快递、拼多多、摩拜单车、达达-京东到家等，投资经验丰富。

除上述合伙人外，红杉中国还有郑庆生、计越等多位明星投资人，他们的投资业绩都可圈可点。红杉中国的巨大成功，离不开他们的"护法加持"。

（三）多个数字科技企业单轮融资额超百亿元

2005 年成立以来，红杉中国投资了 900 多家具有高成长性和高发展潜力的企业，其中成功在全球多地上市的企业超过百家，包括小鹏汽车（XPEV. N）、百融云－W（06608. HK）、京东物流（02618. HK）等众多优秀企业。在 2019—2021 年红杉中国投资的 200 多家数字科技企业中，短短三四年已有多家企业成功登陆资本市场，分别为 BOSS 直聘（BZ. US）、叮咚买菜（DDL. N）、容联云（RAAS. N）和小鹏汽车。

2019—2021 年，红杉中国投资的数字科技类企业项目中单轮融资金额超百亿元的有 3 起，最高达到 190.76 亿元。

红杉中国 2019 年至 2021 年对数字科技企业投资时曾多次对一家企业进行复投，复投企业有 44 家之多，包括兴盛优选、货拉拉、图灵机器人等。若将复投事件合并，单家企业融资金额最高达 241.63 亿元，超百亿元的有 4 家，分别为兴盛优选、作业帮、货拉拉和极兔速递（见表 5-2）。

表 5-2　红杉中国 2019—2021 年参与的融资规模前十大数字科技投资项目

序号	企业名称	时间	阶段	金额（亿元）
1	兴盛优选	2021-02-18	战略融资	190.76
2	极兔速递	2021-04-07	A 轮	114.46

序号	企业名称	时间	阶段	金额（亿元）
3	作业帮	2020-12-28	E 轮及以上	101.74
4	东久新宜集团	2021-12-16	战略融资	95.50
5	货拉拉	2021-01-20	F 轮	95.38
6	兴盛优选	2020-07-22	C 轮	50.87
7	作业帮	2020-06-29	E 轮	47.69
8	叮咚买菜	2021-04-06	D 轮	44.51
9	第四范式	2021-01-22	D 轮	44.51
10	货拉拉	2020-12-22	E 轮	32.75

注：美元融资金额按照 1 美元兑人民币 6.36 元的汇率折算成人民币；本表仅统计已披露金额的投资记录（下同）。

资料来源：零壹智库、《陆家嘴》杂志。

红杉中国所投企业有多家已经在所在领域脱颖而出。

兴盛优选作为一家互联网新零售独角兽企业，其估值超过 10 亿美元。平台主要定位是解决家庭消费者的日常需求，依托社区实体便利店，通过"预售+自提"的模式为用户提供服务。

作业帮始终致力于用科技手段助力教育普惠，针对中国教育市场的特点和痛点，满足中国课外辅导市场的巨大需求。

货拉拉的业务定位是同城即时整车货运，意在整合社会运力资源，搭建快速、平价、安心、专业的同城货运交易平台。

（四）总结

在数字科技的发展浪潮之中，红杉中国紧紧抓住时代机遇，近三年来以投融资的方式积极助力企业进行数字化升级，尤其是 2021 年针对数字科技企业的服务项目数量倍增。红杉中国不仅设立科技赋能部门为企业数字化赋能落地提供专业支持，同时将内部体系打通，实现从投资人到品牌市场部、人力资本部等多维度的高效协同。

红杉中国官网中写道：企业数字化无法一蹴而就，需要持续的投入和不断的迭代创新，思考底层问题、真正有耐心、愿意长期陪跑的投资人，才能真正帮助创业企业实现数字化的价值增量。

二、腾讯投资：以战略投资建立互联网生态

腾讯投资成立于 2008 年，是腾讯集团的投资部门与核心战略部门之一，主导集团投资相关业务，长期专注并聚焦于文娱传媒、消费零售、民生教育、金融科技、企业服务及海外投资等领域，探索前沿创新与未来更多可能性。

零壹智库的不完全统计显示，2019—2021 年，腾讯投资共参与投融资事件 521 起，其中投向数字科技企业的有 195 起，数字科技投融资占比达到 37.43%。

（一）战略投资一直是核心诉求

腾讯投资在北京、上海、深圳、香港都设有办公室，管理团队超过 60 人，在过去 10 多年中总计投资 800 余家公司，包含百余家上市公司及独角兽企业，投资地域涵盖全球 20 多个国家和地区，致力于发现为用户提供长期价值的创业者和企业，并帮助其成长。

腾讯投资涉及领域广泛，投资企业也多为行业科技巨头：文娱传媒领域包括 B 站、快手等多家公司；在消费零售板块，涉及美团、京东、拼多多等互联网巨头。腾讯投资在各领域都较为注重数字化及信息化的投入，据零壹智库的不完全统计，2019—2021 年腾讯投资投向数字科技企业的投资事件为 195 起，2019 年和 2020 年数量基本相当，2021 年大幅上涨 156%，至 105 起（见图 5-4）。

在投资风格上，腾讯投资是国内较为典型的战略投资践行者，也是业界标杆，投资风格可谓"快准狠"。腾讯投资管理合伙人李朝晖提出观点：一个具有战略价值的好项目，最终也一定会包含财务价值。

所以，战略投资一直是腾讯投资的核心诉求。2020 年，腾讯投资分别对战略价值和财务价值提出了两个标准考量，其中战略价值部分的标准包括核心基础能力建设（能否帮助腾讯建设核心能力）、产业互联网业务协同、业务前瞻性布局。在数字科技投资方面，腾讯注重战略投资。据零壹智库的不完全

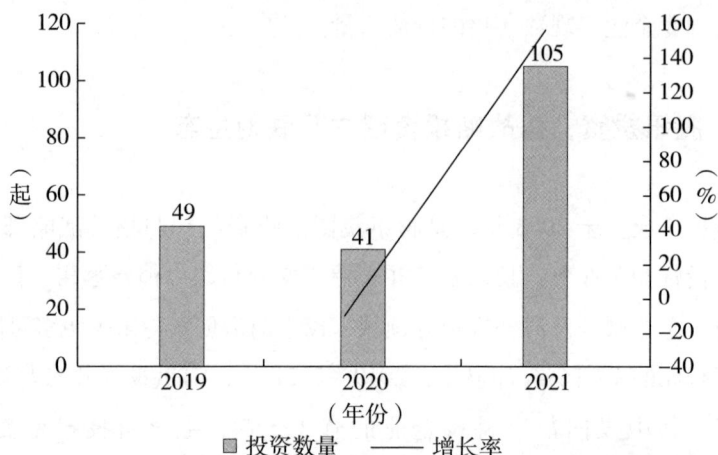

图 5-4 腾讯投资 2019—2021 年数字科技项目投资数量

资料来源：零壹智库、《陆家嘴》杂志。

统计，腾讯投资 2019—2021 年对于数字科技赛道的投融资轮次分布中，战略融资占比高达 21%，其中多家明星企业都为其战略融资标的，包括第四范式、兴盛优选等，而其余轮次占比相当，A、B、C 轮均保持在 15% 左右（见图 5-5）。

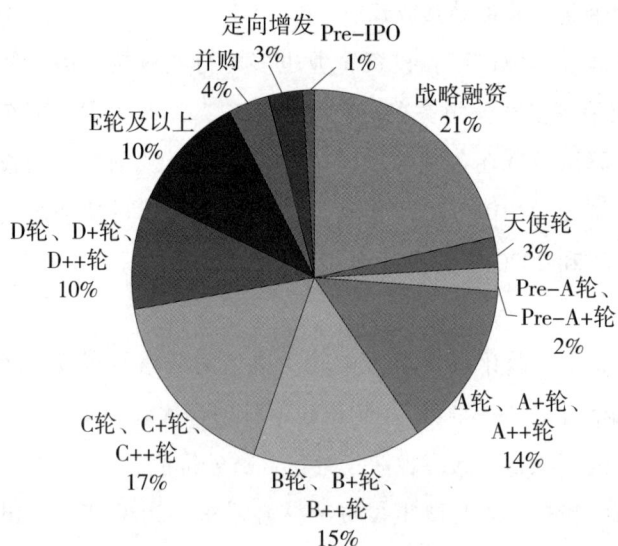

图 5-5 腾讯投资 2019—2021 年投资数字科技企业轮次分布

资料来源：零壹智库、《陆家嘴》杂志。

(二) 团队投资经验深厚，互联网履历丰富

2005 年，刘炽平加入腾讯任首席战略投资官，腾讯开始陆续做了一些投资和收购项目，但只是处于探索期，鲜少对外公布。

经过 3 年的尝试，腾讯决定招募专门的投资并购团队，2008 年腾讯投资并购部正式成立，不过一开始是为了解决腾讯自身业务中所遇到的问题。随着互联网新商业模式的不断出现，腾讯投资开始了更多的创新尝试，向更多的新领域发起冲击。

企查查资料显示，腾讯投资拥有超过 60 人的管理团队，核心成员在加入腾讯投资之前大多有着丰富的投资经验。

李朝晖，管理合伙人，主要负责腾讯投资在社交、游戏及 O2O 领域的投资并购，代表投资案例包括 Supercell、快手、知乎、猿辅导、满帮集团、富途证券等，曾就职于谷歌、诺基亚以及贝塔斯曼亚洲投资基金，具有丰富的投资经验和互联网及移动行业的经验。

湛炜标，腾讯投资合伙人，于 2003 年加入腾讯，目前主要关注金融科技等领域，代表投资案例包括京东、拼多多、瓜子、联易融、富途、微众银行、猫眼、威马汽车等。加入腾讯投资之前，他曾就职于微软、金蝶。

杨丹宁（Dan Brody），腾讯投资董事总经理，主要关注海外投资项目，代表投资案例包括 Discord、GGG、Miniclip、Pocket Gems、PolicyBazaar、Reddit、Swiggy、Supercell、Udaan 等。Dan Brody 加入腾讯投资之前，曾就职于腾讯游戏、Spotify、土豆、谷歌，在 SNS 领域有创业经历，曾从事翻译工作。

姚磊文，腾讯投资董事总经理，主要关注技术、企业服务、医疗、汽车等领域的投资项目，代表投资案例包括贝壳、途虎养车、明略科技、小鱼易连、燧原科技、涂鸦智能、太美医疗、思派网络等。加入腾讯投资之前，他曾就职于迈瑞医疗和德意志银行。

夏尧，腾讯投资董事总经理，主要关注电商、本地服务、消费零售等领域的投资项目，代表投资案例包括拼多多、滴滴出行、小红书、永辉、喜茶、谊品生鲜、兴盛优选、便利蜂、孩子王等。加入腾讯投资之前，他曾就职于易凯资本、德意志银行。

以上仅罗列了腾讯投资管理团队的部分成员。随着互联网新模式的不断出现，依托于腾讯得天独厚的优势，腾讯投资对科技投资的布局也越来越多元。

（三）开放、扩张、连接，以科技投资建立互联网生态

从腾讯投资的投资路径来看，腾讯投资经历了"小试投资—正式布局—全领域覆盖"三个阶段，而腾讯的投资理念也从开放到扩张，再到现在的连接。

2018 年，腾讯宣布新一轮的战略——在连接人、连接数字内容、连接服务器的基础上，推动实现由消费互联网向产业互联网的升级。也是在这个阶段，腾讯投资逐渐由文化娱乐、游戏领域向人工智能、企业服务、智能制造等多维度进发。腾讯投资的目的是服务腾讯集团，而腾讯集团的目标是建立生态。

随着腾讯投资的数字科技企业投资节点的增加，整个生态的规模也呈现爆发式的增长。在 2019—2021 年腾讯投资的数字科技企业中，已有多家企业成功上市，包括 BOSS 直聘（BZ. US）、涂鸦智能（TUYA. N）、医渡科技（02158. HK）、知乎（ZH. N）等。

由于腾讯投资的战略投资事件中只有少部分对外界公布数据，在已公布投资额的投资事件中，单次最高金额达到 190.7 亿元，投资对象为兴盛优选，这已经不是腾讯投资第一次对兴盛优选进行投资了，早在 2020 年腾讯投资就已经对其投资了约 50 亿元（见表 5-3）。

表 5-3　腾讯投资 2019—2021 年参与的融资规模前十大数字科技投资项目

序号	企业名称	时间	阶段	金额（亿元）
1	兴盛优选	2021-02-18	战略融资	190.7
2	乐游科技控股	2020-09-04	并购	95.4
3	易车网	2020-06-13	并购	70.0
4	猿辅导	2020-03-31	E 轮及以上	63.6
5	喜马拉雅	2021-04-01	E 轮及以上	57.2

序号	企业名称	时间	阶段	金额（亿元）
6	兴盛优选	2020-07-22	C+轮	50.9
7	微盟	2021-05-25	战略融资	37.2
8	涂鸦智能	2021-03-15	Pre-IPO	31.8
9	Momenta	2021-03-19	C 轮	31.8
10	圆心科技	2021-02-09	E 轮及以上	30

注：美元融资金额按照 1 美元兑人民币 6.36 元的汇率折算成人民币；本表仅统计已披露融资金额的投资记录（195 家样本中有 60 家未披露融资金额）。

资料来源：零壹智库、《陆家嘴》杂志。

腾讯投资在科技领域逐渐构建起适合集团发展的生态，被投企业在自身领域也成为行业先驱者和领导者。

乐游科技控股是一家网络游戏开发及发行服务商，公司主要从事 PC 及家用游戏机和多人在线免费游戏的开发与发行，公司拥有产品 Warframe（《星际战甲》）游戏，同时还有多款基于《变形金刚》《指环王》等 IP 的多人在线游戏正在研发中。

易车网是汽车厂商和区域经销商整合营销解决方案提供商，主要以营销管理及应用后台、广告营销系统、线下行销手段以及网站编辑运营系统四大系统作为营销手段，为汽车厂商、厂商大区、经销商三级商家提供一系列整合营销方案。

猿辅导是 K-12 在线教育首家独角兽公司，公司旗下拥有猿辅导、小猿搜题、猿题库、小猿口算、斑马 AI 课等多款在线教育产品，以科技推动大规模因材施教，致力于让中国的每一位学生都能享有高品质、个性化的教育。

喜马拉雅作为中国领先的音频分享平台，以"用声音分享人类智慧"为使命，建立 PUGC（专业用户生产内容）内容生态，不仅带领音频行业创新，也吸引了大量的文化和自媒体人投身音频内容创业，共同创造了财经、音乐、新闻、商业、小说、汽车等多类有声内容。

微盟是中国企业云端商业及营销解决方案提供商，也是中国精准营销服务提供商。微盟围绕商业云、营销云、销售云打造智慧商业服务生态，通过去中心化的智慧商业解决方案赋能企业实现数字化转型。

涂鸦智能是一家致力于让生活更智能的领先技术公司，提供能够智连万物的云平台，打造互联互通的开发标准，连接品牌、OEM 厂商、开发者、零售商和各行业的智能化需求。涂鸦智能与多家世界 500 强公司合作，包括飞利浦、施耐德电气、联想等，让生活更智能。

Momenta 是一家自动驾驶公司，致力于通过突破性的 AI 科技，提供不同级别的自动驾驶解决方案，实现无人驾驶规模化落地，赋能安全、便捷、高效的未来智慧出行。

圆心科技是中国"互联网+医疗"及慢病管理领域的独角兽企业。圆心科技通过对行业的深度理解，建立创新的诊疗路径，成为国内领先的就医、用药、支付综合性服务平台。

（四）总结

腾讯投资的投资领域从泛文化娱乐逐渐走向数字科技，筑起自身互联网生态，不断推动战略升级，向着更高的投资理念进化。

腾讯投资的服务终点是腾讯集团这家互联网巨头，所以很多投资事件都有互联网的影子。近几年数字科技和互联网相辅相依，数字科技成为未来投资的趋势之一。腾讯投资近年来明显加速了在数字科技领域的投资投入。在流量和资本的双核能力之下，腾讯投资将和所投企业一起构建起合作共赢的"命运共同体"。就像李朝晖所言，基于业务平台进行资本连接，不仅让腾讯收获了朋友，也让我们自身在社交、支付、云等领域变得更强大。

三、高瓴集团：挖掘传统行业数字化转型的机遇

在数字科技赛道上，高瓴集团是领跑者。按照 2019—2021 年数字科技项目投资数量排名，高瓴集团跻身数字科技股权投资机构前三，仅次于红杉中国和腾讯投资。

2005 年创立的高瓴集团，同时拥有美元和人民币投资平台，受托管理的资金主要来自着眼于长期的全球性机构投资人，包括大学捐赠基金、养老基金、非营利性基金会、家族办公室以及全国社保基金理事会、保险公司、上

市公司等。

高瓴集团投资的知名企业包括京东、腾讯、字节跳动、美团、Zoom、宁德时代、隆基股份、星思半导体、百济神州、飞利浦家电、普洛斯、百丽国际、格力电器、蓝月亮等。

（一）投资数字科技企业次数不断攀升

据零壹智库的不完全统计，2019—2021 年高瓴集团所有领域投资事件数量为 404 起，其中投向数字科技领域的事件数量为 171 起，占比为 42.3%，涉及企业 122 家。2019—2021 年高瓴集团在数字科技领域的投资版图不断扩大，其中 2021 年数字科技项目投资数量是 2020 年的两倍多，同比增长 137%（见图 5-6）。

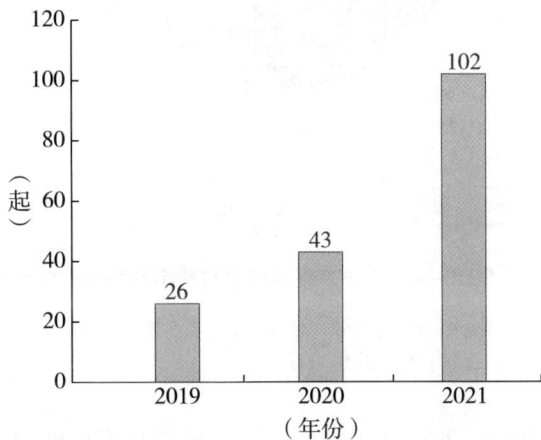

图 5-6　2019—2021 年高瓴集团数字科技项目投资数量

资料来源：零壹智库、《陆家嘴》杂志。

从融资轮次来看，高瓴集团参与最多的融资轮次是 A 轮（约占 22%），其次是 B 轮（约占 16%），再次是 C 轮（约占 14%）。如果把 Pre-A 轮、Pre-A+轮和 A+轮、A++轮、A+++轮也算入 A 轮的话，那么 A 轮的占比约为 43%（见图 5-7）。

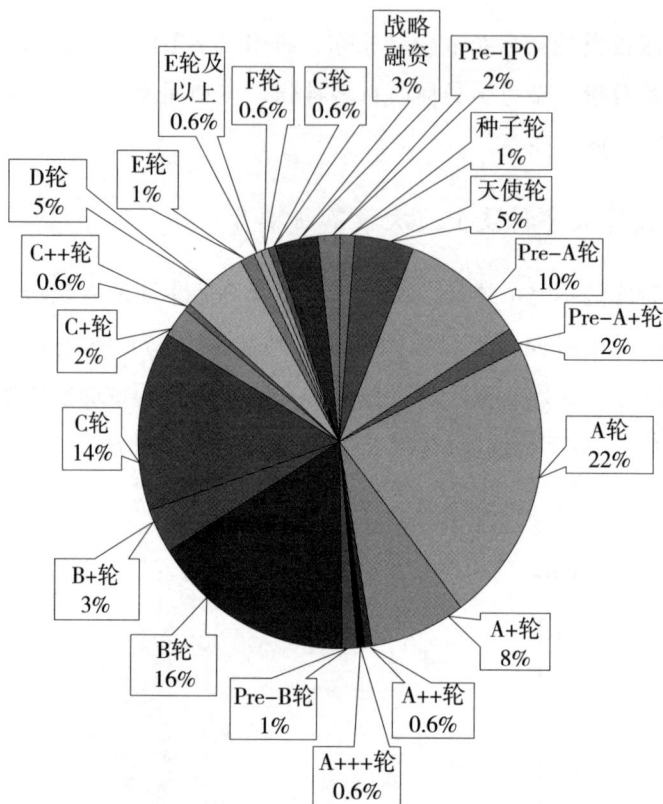

图 5-7 2019—2021 年高瓴集团参与数字科技融资轮次分布

注：由于四舍五入，数据存在一定误差，数量占比之和不等于 100%。
数据来源：零壹智库、《陆家嘴》杂志。

在高瓴集团 2019—2021 年的 171 起数字科技投资事件中，高瓴资本出手 112 次，占 65%；高瓴创投出手 58 次，占 34%（见图 5-8）。

高瓴创投（GL Ventures）是高瓴集团旗下专注于早期创新型公司的风险投资基金品牌。在 2020 年新冠疫情暴发后，高瓴集团高调宣布成立高瓴创投，首期规模 100 亿元。高瓴创投以美元和人民币双币种模式运作，覆盖从人民币 300 万元到 3000 万美元不等的多轮投资策略和领域，主要专注于生物医药及医疗器械、软件服务和原发科技创新、消费互联网及科技、新兴消费品牌及服务等领域。

据零壹智库的不完全统计，高瓴创投从 2020 年开始发力，2020 年投资数字科技项目次数为 8 次；2021 年出手次数猛增，达到 49 次，贡献了高瓴集团当年近一半的数字科技项目投资数（见图 5-9）。

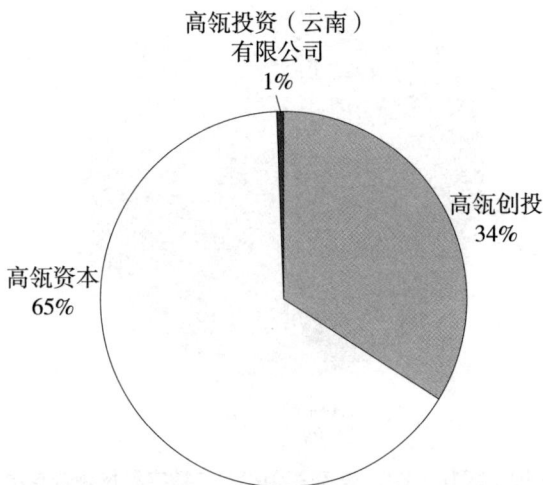

图 5-8　高瓴集团 2019—2021 年数字科技投资事件投资主体分布

数据来源：零壹智库、《陆家嘴》杂志。

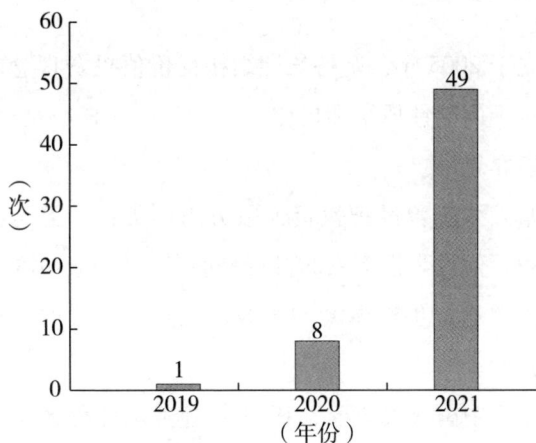

图 5-9　高瓴创投 2019—2021 年数字科技项目投资次数

数据来源：零壹智库、《陆家嘴》杂志。

高瓴创投参与的融资阶段也是 A 轮最多，占比为 24%，如果加上 Pre-A 轮、Pre-A+轮、A+轮和 A++轮，占比达到 45%（见图 5-10）。

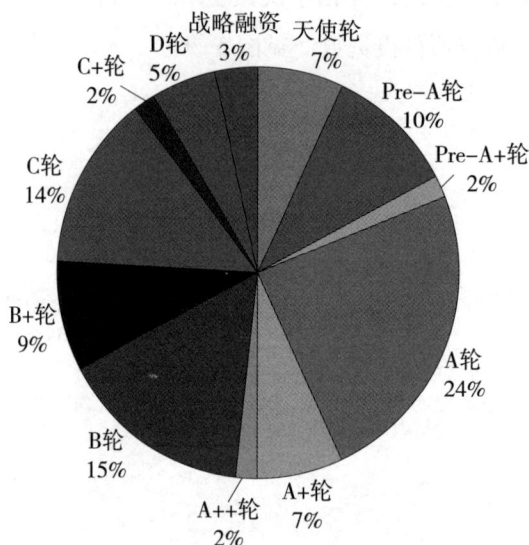

图 5-10 2019—2021 年高瓴创投参与数字科技融资轮次分布

数据来源：零壹智库、《陆家嘴》杂志。

（二）帮助传统产业通过科技驱动实现产业升级

高瓴集团成立于 2005 年，坚持长期结构性价值投资理念。长期结构性价值投资理念是相对于周期性思维和机会主义而言的，核心是反套利、反投机、反零和游戏、反博弈思维。

高瓴集团创始人张磊曾经把投资大致分为两类：一类是零和游戏，另一类是蛋糕做大游戏。他说，很多人的投资是前者，如 Pre-IPO，我个人是不相信零和游戏的。我喜欢把蛋糕做大的游戏，就是如果我的思想、资本不能创造价值，我是不会投资的。

张磊本科毕业于中国人民大学，1998 年赴美国耶鲁大学求学，后获得耶鲁大学工商管理硕士及国际关系硕士学位。张磊曾在耶鲁捐赠基金工作，并曾在全球新兴市场投资基金（Emerging Markets Management）负责对南非、东南亚和中国的投资业务。

2005 年张磊回国后创立高瓴集团，管理资金规模从起步时的 2000 万美元增长到 600 亿美元，目前高瓴集团已成为跨阶段、跨地域、跨行业的全天候投资人。

在数字经济方面，张磊在其畅销书《价值》中写道：我们已经意识到"数字化转型"成为所有企业的必答题，在以数据、算法驱动的未来，将不再有科技企业和传统企业之分，只有一种企业，就是数字企业。

高瓴集团从 2005 年创办伊始，就有创新的基因。作为长期价值投资的投资机构，高瓴集团有责任用高科技的力量帮助传统产业通过科技驱动实现产业升级。

面对产业变革，高瓴集团提出了"哑铃理论"，哑铃的一端是新经济领域的创新渗透。创新已经不仅局限在消费互联网领域，还在向生命科学、新能源、新材料、高端装备制造、人工智能等领域广泛渗透。哑铃的另一端是传统企业的创新转型和数字化转型，即传统企业运用科技创新做转型升级（见图 5-11）。

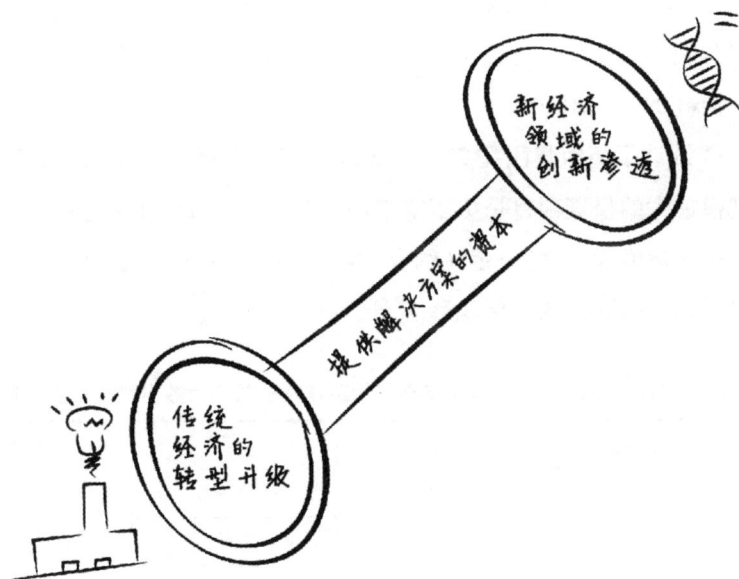

图 5-11 高瓴集团的"哑铃理论"

资料来源：张磊的《价值》，浙江教育出版社，2020 年。

投资女鞋巨头百丽集团，是高瓴集团对传统行业进行数字化赋能的典型案例。2017 年 7 月 27 日，在高瓴集团的主导下，百丽国际从港交所退市。此后，高瓴集团派出技术团队深入百丽全供应链，推进其加速数字化转型。通过数字化改造，百丽旗下的滔搏运动于 2019 年 10 月 10 日在港交所挂牌。2022 年 3 月，百丽时尚向港交所递交 IPO 申请。张磊在《价值》一书中披露：我们有责任让它拥有长期资本的支持，并结合我们在数字化和公司运营方面的深厚经验，用高科技手段帮助它和消费者产生更好的连接。

（三）发掘最具有长期竞争优势的企业

高瓴集团的使命就是发掘最具有长期竞争优势的企业，用最长线的钱来帮助企业实现长期价值。张磊相信那些能长期为消费者带来价值、为产业链提高效率、"护城河"足够深的商业模式能够带来长期的高资本回报率。

那么在数字科技领域，2019—2021 年"要做企业超长期合伙人"的高瓴集团发掘了哪些优质项目呢？

2019—2021 年高瓴集团投资的数字科技企业中，已有多家企业成功上市，包括涂鸦智能（TUYA.N）、京东健康（06618.HK）、小鹏汽车（XPEV.N）、建业新生活（09983.HK）。

表 5-4 统计了高瓴集团在 2019—2021 年参与的融资规模前十大数字科技项目，规模最大的投资项目是房车宝集团，金额约为 137.66 亿元；第二是极兔速递，融资规模为 18 亿美元（约合 114.48 亿元）；第三是货拉拉，融资规模为 15 亿美元（约合 95.4 亿元）。

表 5-4 高瓴集团 2019—2021 年参与的融资规模前十大数字科技投资项目

序号	企业名称	时间	阶段	金额
1	房车宝集团	2021-03-29	战略融资	约 137.66 亿元
2	极兔速递	2021-04-07	A 轮	18 亿美元
3	货拉拉	2021-01-20	F 轮	15 亿美元
4	猿辅导	2020-03-31	E 轮及以上	10 亿美元
5	京东健康	2020-08-17	B 轮	8.3 亿美元
6	地平线机器人	2019-02-27	B 轮	6 亿美元
7	货拉拉	2020-12-22	E 轮	5.15 亿美元

序号	企业名称	时间	阶段	金额
8	喜茶	2021-07-13	D 轮	5 亿美元
9	涂鸦智能	2021-03-15	Pre-IPO	5 亿美元
10	小鹏汽车	2020-07-20	C+轮	近 5 亿美元

注：本表仅统计已披露明确融资金额的投资记录。

数据来源：零壹智库、《陆家嘴》杂志。

房车宝集团旗下有房车宝全民经纪平台、房车宝平台、房车宝 SaaS 管理平台三大科技平台，构建房产、汽车线上线下全渠道交易服务平台，致力于打造全球规模最大、实力最强的互联网科技服务集团。

极兔速递是一家科技创新型互联网快递企业，致力于为客户持续创造极致的快递和物流体验，成为一家值得客户信赖的综合性物流服务商。

京东健康是一家医疗健康服务平台，主要通过医药零售、医药批发、互联网医疗、健康城市四个业务板块，为用户提供数据和技术相结合的智慧医疗解决方案。

地平线机器人是一家人工智能解决方案提供商，专注于制作基于人工智能算法的芯片、系统和软硬件产品，让家居、汽车、玩具和服务机器人等具有从感知、交互、理解到决策的智能。

据零壹智库的不完全统计，高瓴创投参与的融资规模前十大数字科技投资项目中，金额最高的为 3.12 亿美元，最低的为 5000 万美元（见表 5-5），较高瓴集团参与的规模前十大项目的融资规模明显低得多，这也符合高瓴创投专注于投资早期创业公司的定位。

慧策（原旺店通）是一家一体化智能零售服务商，基于云计算模式，提供一体化智能零售解决方案，助力零售企业数字化智能化升级，成就企业规模化发展之路。

禾赛科技是一家天然气检测系统及激光雷达服务提供商，主营业务为研发与制造自动驾驶激光雷达、激光天然气遥测系统等。

思灵机器人是一家智能机器人系统研发商，致力于智能机器人系统的研发及应用，核心产品包括 7 自由度轻量化机械臂、通用机器人控制器、机器人视觉系统等。

毫末智行是一家提供自动驾驶解决方案的科技企业，未来将协助客户重塑和全面升级整个社会的出行及物流方式。

健世科技是一家全球领先的结构性心脏病介入治疗综合解决方案平台型公司，产品管线包括三尖瓣、二尖瓣、主动脉瓣和心衰等方向，其中多项产品拥有全球首创技术及全球领先技术，并已经在全国顶级心血管疾病治疗医院开展临床试验。

表 5-5　高瓴创投 2019—2021 年参与的融资规模前十大数字科技投资项目

序号	企业名称	时间	阶段	金额
1	慧策	2021-10-28	D 轮	3.12 亿美元
2	禾赛科技	2021-06-08	D 轮	超 3 亿美元
3	思灵机器人	2021-09-10	C 轮	2.2 亿美元
4	毫末智行	2021-12-21	A 轮	约 10 亿元
5	健世科技	2021-05-28	C 轮	数亿美元
6	Moka	2021-11-02	C 轮	1 亿美元
7	澎立生物	2021-10-22	战略融资	约 1 亿美元
8	拿森汽车	2021-12-22	C 轮	5 亿元
9	安渡生物	2021-12-31	B+轮	超 6000 万美元
10	数篷科技	2021-09-30	B+轮	5000 万美元

注：本表仅统计已披露融资金额的投资记录。

数据来源：零壹智库、《陆家嘴》杂志。

（四）总结

作为股权投资头部机构，高瓴集团对数字科技趋势有着清晰的判断，正在用高科技的力量帮助传统产业通过科技驱动实现产业升级。高瓴集团近年来对数字科技企业的投资项目数出现快速增长，其中 2021 年同比增长 137%。高瓴创投快速崛起，2021 年投资数字科技企业的次数达到 49 次，占 2021 年高瓴集团数字科技投资项目数的近一半。

四、经纬创投：偏向软件和技术应用，注重投后服务

据零壹智库的不完全统计，2019—2021 年，经纬创投共参与数字科技企业投融资事件 163 起，去除 IPO、并购、定向增发后为 162 起，3 年内投资数字科技企业的总次数跻身创投机构前十名。

经纬创投创立于 2008 年，自创始之初便专注于早期和成长期投资，主要覆盖新技术及硬科技等投资领域，覆盖企业融资的所有阶段。和其他创投机构不同的是，经纬创投除了专注于投资，还注重对企业的投后服务。

（一）数字科技是重要投向

根据经纬创投官网的介绍，经纬创投管理规模超过人民币 600 亿元，是行业内长期专注早期和早成长期投资的头部创投机构，专注新技术、硬科技、产业数字化、医疗、前沿科技、新消费等领域投资，投资的企业包括小鹏汽车、理想汽车、富途证券、车好多集团、饿了么、有赞、容百科技、极米科技、陌陌、PingCAP、沛嘉医疗、科锐国际、科美诊断、北森、乐信、自嗨锅、传智教育、沐曦集成、简爱、芯驰科技、镁伽机器人、芯耀辉、芯华章、恩和生物、艾棣维欣等。

根据公开资料，经纬创投创始管理合伙人张颖曾先后获得美国加州州立大学生物学学士和美国西北大学生物技术与商学硕士学位，在创立经纬创投之前，张颖曾任美国中经合集团中国区首席代表，全面负责中经合在中国地区的投资业务，并投资了众多行业领先公司。

据零壹智库的不完全统计，2019—2021 年，经纬创投有 162 起领投和参投数字科技企业的事件记录，涉及企业 119 家。将投资记录按年份划分可以发现，2019—2021 年，经纬创投对于数字科技项目的投资数量呈现逐年上涨的趋势，而 2021 年的投资数量已经接近 2019 年的 3 倍（见图 5-12）。

在投资轮次方面，在 160 多起投资数字科技企业的事件记录当中，多数参与的是初期的 A 轮和 B 轮，其中 A 轮约占 27%，B 轮约占 19%（见图 5-13）。

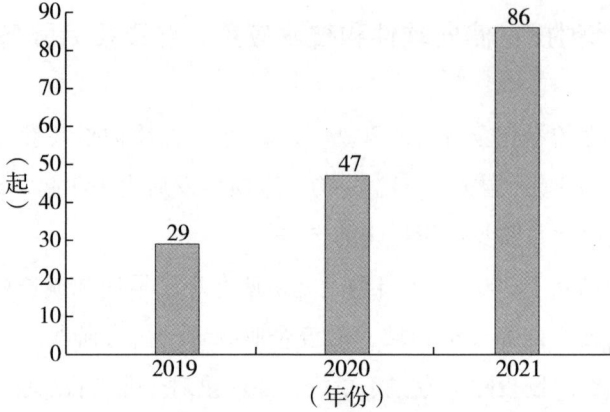

图 5-12　经纬创投 2019—2021 年数字科技项目投资数量

数据来源：零壹智库、《陆家嘴》杂志。

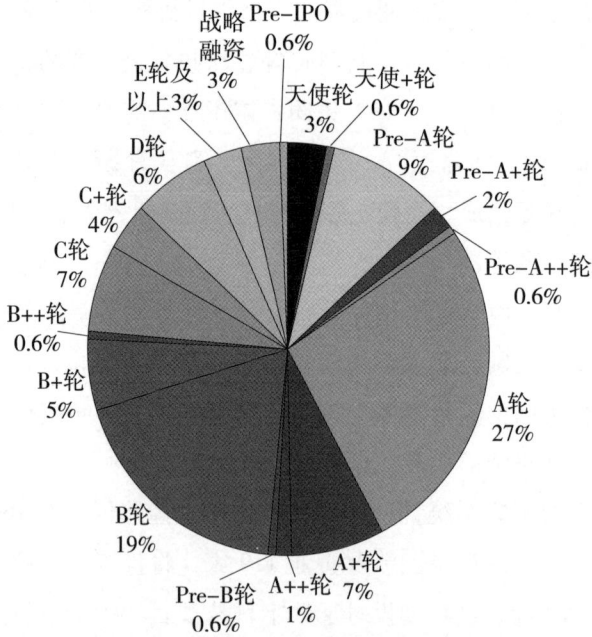

图 5-13　经纬创投 2019—2021 年数字科技企业投资轮次分布

注：由于四舍五入，数据存在一定误差，数量占比之和不等于 100%。

数据来源：零壹智库、《陆家嘴》杂志。

（二）数字科技布局侧重软件和技术应用

在所投企业的特点方面，经纬创投在数字科技领域的布局更加侧重软件及技术应用方面。将经纬创投所投数字科技企业的特点标签化，在所有标签中，有 14 个标签的出现次数超过 10 次，其中企业服务出现超过 60 次，人工智能出现了 35 次（见图 5-14）。

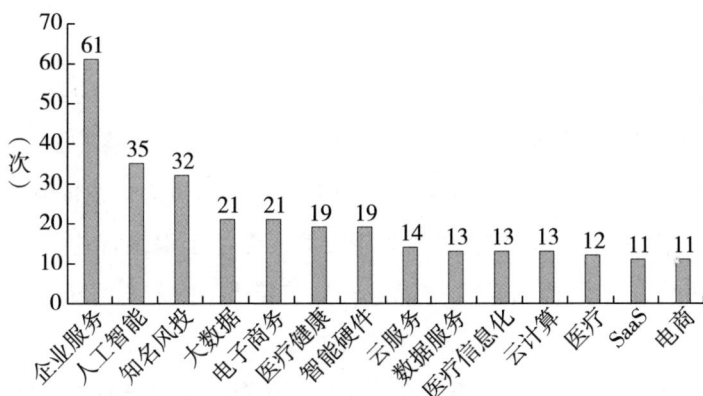

图 5-14　经纬创投所投数字科技企业特点标签

数据来源：零壹智库、《陆家嘴》杂志。

在融资规模方面，根据零壹智库的不完全统计，除去未披露相关要素的项目，经纬创投 2019—2021 年参与的数字科技项目融资规模多数在亿元以上。其中规模最大的行云集团融资规模达到 9 亿美元，约合人民币 57.35 亿元（见表 5-6）。

表 5-6　经纬创投 2019—2021 年参与的融资规模前十大数字科技投资项目

序号	公司	首次融资时间	合计融资金额
1	行云集团	2019-05-01	9 亿美元
2	理想汽车	2019-08-16	5.3 亿美元
3	震坤行	2019-06-18	4.75 亿美元
4	小胖熊	2019-10-16	26.79 亿元
5	长光卫星	2020-11-30	21 亿元

序号	公司	首次融资时间	合计融资金额
6	瀚博半导体	2021-04-28	2.7 亿美元
7	PingCAP	2020-11-17	2.7 亿美元
8	北森 Beisen	2021-05-11	16.37 亿元
9	KK 集团	2019-10-23	15 亿元
10	芯驰半导体	2020-09-28	2 亿美元

数据来源：零壹智库、《陆家嘴》杂志。

行云集团下属的行云全球汇致力于为从事跨境电子商务进出口业务的电商企业提供一站式的供应链服务，专注解决外贸电子商务客户发展过程中存在的核心问题，帮助客户在可靠性、速度和成本效益方面创造价值。

理想汽车是一家智能新能源汽车研发商，专注于提供智能交通工具研发和服务。该公司计划推出两款产品：SEV 将满足 1—2 人的短途出行需要，SUV 则将满足家庭用户中长途的出行需要。

震坤行是一站式 MRO 工业用品采购服务平台，主要经营工厂使用的辅料和易耗品（MRO），从库存管理软件（SaaS）、智能仓储切入，未来要利用互联网和传感器，让工厂仓库实现无人化管理。除此之外，震坤行通过建立的区域总仓、区域服务中心，利用在线智能仓储、智能小仓库为客户实现零库存管理、联合库存管理，由此降低成本，提高供应链效率。

小胖熊是一款为装修行业提供全品类辅材供应与配送的生活应用软件，主营建材 B2B 业务。平台一端连接供应商，另一端连接包工头，通过自营（采购、仓储和物流）的方式，为后者提供黄沙、水泥、油漆、电线等产品。

长光卫星是一家商业遥感卫星公司，公司依托"星载一体化""机载一体化"等核心关键技术，建立了从卫星、无人机研发与生产到提供遥感信息服务的完整产业链。

（三）团队出身"应用派"，关注企业投后服务

经纬创投对于数字科技创新企业的专注由来已久，早在 2010 年，创始管理合伙人张颖就看好未来移动互联网的发展，在招揽新人以及制定战略时也

是围绕这一趋势展开的。根据报道，该机构有强大的合伙人阵容，他们在入职前均拥有丰富的互联网从业经历，在入职后所主导的项目也与互联网和科技紧密相连。

据经纬创投内部人士透露，在经纬创投内部，常常会提到"三化"，即投资生态化、投后场景化、品牌战略化。

投资生态化：先在产业链的核心环节投出"根据地"项目，然后再上下延展，让各个投资领域聚合形成一个生态。经纬创投将触角从移动互联网这一条主线，延伸到新能源产业链、医疗、大消费、前沿科技等赛道，并在分领域建立根据地，形成更有延展性的网状投资结构。比如在为人熟知的新造车领域，经纬创投同时收获了理想汽车和小鹏汽车。

投后场景化：在投后时代，经纬创投各个投后小组还原了公司在发展过程中可能遭遇的问题（包括战略、组织、股权等），并且把关键点提炼出来，同时提供合适的解决方案。

品牌战略化：把品牌和差异化认知这件事当成一个战略，是经纬贯穿始终的主线。从善待创始人、公司有困难的时候不去折腾，到当公司遭遇事情时站出来帮着解决等，点点滴滴都让人感觉这是一家有温度、人性化的机构，而不是冷冰冰的投资机构。

至于投后方面，虽然各类创投机构都会对被投企业进行跟踪管理与服务，但经纬创投的分工之详细、覆盖范围之广，在业内也是排名前列的。经纬创投的投后管理服务团队规模近 100 人，赋能六大模块：前置 360° 诊断、招聘纵横交和、投资投后配合与产业链协同、紧急医疗、尽职调查小组前端赋能、"创业智囊库+亿万创业营"（场景化深度赋能）。

值得关注的是，经纬创投的投后紧急医疗小组是为了满足被投企业创始人及直系亲属紧急医疗需求而设立的，这在国内的创投机构当中非常少见。

（四）总结

在数字科技领域，经纬创投的布局偏向软件和技术应用，这与该机构投资团队曾经的互联网从业经历有关，而单项目的融资规模多数都是数亿元乃至数十亿元量级，在某种程度上也证明了其对未来数字科技发展的信心。此外，对处于初创期的数字科技企业而言，其需要的不仅是以资金雪中送炭，对企业未来发展的全方面支援同样重要，在这一点上经纬创投的投后服务经验值得借鉴。

五、IDG 资本：把握数字科技机遇的国际化机构

根据零壹智库的不完全统计，2019—2021 年，IDG 资本共参与投融资事件 130 起，其中去除 IPO、并购、定向增发后，投向数字科技企业的为 126 起。

IDG 最早是一家外资创投机构，创立于 1992 年，仅一年后便在中国开始展业。根据官网数据，迄今为止，IDG 资本投资的公司超过 1500 家，成功退出的记录已有 400 多次。

值得关注的是，IDG 参与投资的企业并不限于中国一地，其所涉及的融资阶段也涵盖了 A 轮在内的所有轮次。

（一）关注领域广泛，全球化成特色

根据 IDG 的官网介绍，IDG 资本自 1993 年起率先在中国开展风险投资业务。多年来，IDG 资本始终追求长期价值投资，与来自世界各地多样化的投资伙伴保持着长期亲密的合作关系。IDG 资本在风险投资、私募股权和产业发展领域均积累了丰富的投资经验，重点关注消费品、连锁服务、互联网及无线应用、新媒体、教育、医疗健康、新能源、先进制造等领域，投资覆盖初创期、成长期、成熟期、Pre-IPO 各个阶段，投资规模从上百万美元到上千万美元不等。

IDG 资本团队的一大特点是管理层和投资团队拥有国际化背景。IDG 资本由熊晓鸽与 Jim Breyer 担任联席董事长。熊晓鸽早在 1987 年便获得了美国波士顿大学新闻传播学硕士学位，1988 年暑假受聘于《电子导报》，报道硅谷电子行业和风险投资方面的新闻，在加入 IDG 资本之后的 1993 年将 IDG 资本的风险投资业务引入中国。而 Jim Breyer 除在 IDG 任职，还是位于美国加州门洛帕克的布瑞尔资本（Breyer Capital）的创始人兼 CEO，领导、参与了包括 Facebook、Etsy、漫威影业、传奇影业等在内的多家公司的融资，同时还是黑石和 21 世纪福克斯的董事会成员。此外，IDG 资本的管理层中，除 Jim Breyer

外至少还有 4 位外籍成员。

除此以外，IDG 资本在布局上同样有着国际化的特色。根据官网介绍，目前 IDG 资本在全球 12 个城市设有办公室，分设于亚太（北京、上海、广州、深圳、香港、澳门、首尔、河内、胡志明市）和北美（纽约、波士顿）以及欧洲（伦敦）三个地区。

在投资退出方面，据零壹智库的不完全统计，在除去并购重组以及合并的案例之后，IDG 资本历年参与融资的公司中已有超过 50 家在全球主要的证券交易所挂牌上市，其中不乏知名企业，如搜狐、携程、百度等。按照 Wind 的行业分类，这些挂牌上市的公司中，与移动互联网有关联者占比颇多，与硬件相关者也不少。

（二）数字科技投资版图持续扩大

在数字科技投资方面，据零壹智库的不完全统计，去除 IPO、并购、定向增发的记录后，IDG 资本在 2019—2021 年有 126 起领投和参投数字科技企业的事件记录，涉及企业 94 家。如将投资事件记录按年份划分可以发现，2020 年，IDG 资本对于数字科技企业的投资事件数略有减少，但 2021 年的投资事件数出现了明显上升，达到了 51 起（见图 5-15）。

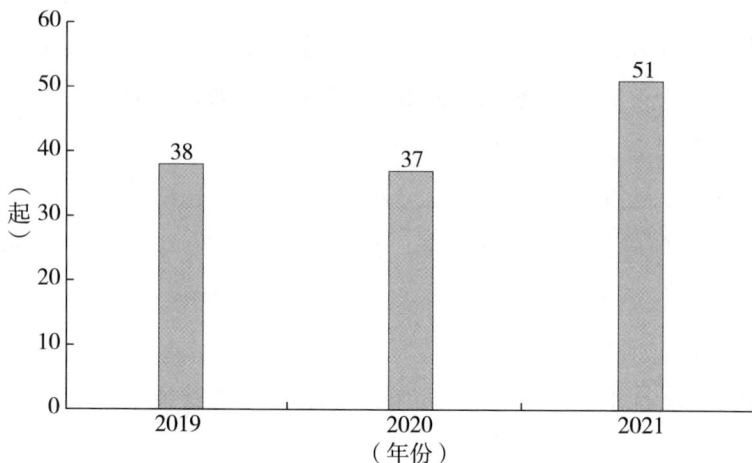

图 5-15　IDG 资本 2019—2021 年数字科技项目投资数量

数据来源：零壹智库、《陆家嘴》杂志。

在投资轮次方面，从投资数字科技企业的事件记录中可见，IDG 资本在各类轮次当中均有参与，其中 A 轮、B 轮、C 轮的占比更高（见图 5-16）。

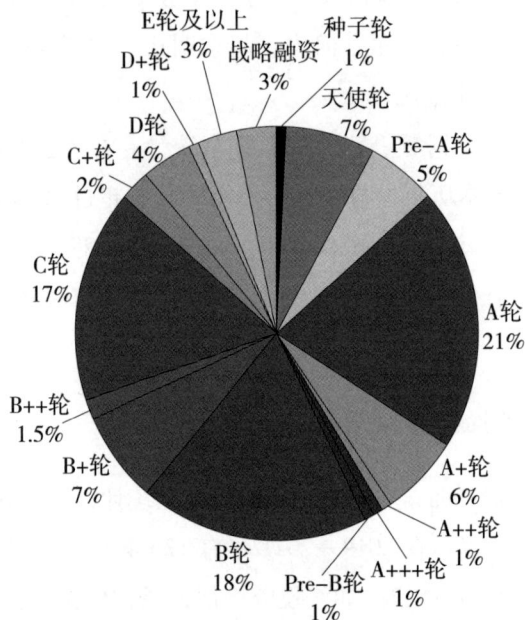

图 5-16　IDG 资本 2019—2021 年数字科技企业投资轮次分布

注：由于四舍五入，数据存在一定误差，数量占比之和不等于 100%。
数据来源：零壹智库、《陆家嘴》杂志。

熊晓鸽所率领的 IDG 资本尤其注重对科技的大手笔投资。事实上，在近几年出席各类会议时，熊晓鸽以及 IDG 资本的高层曾经不止一次谈及科技领域的未来投资机会。

根据报道，在出席中国发展高层论坛 2018 年专题研讨会时，熊晓鸽就曾经谈及科技领域的未来投资机会。他指出，过去 20 年间，中国的经济发展尤其是投资领域的发展，很多来自消费互联网领域。不过，无论是在美国还是在中国，消费互联网行业的红利正在消退。放眼未来，需要盯住的是包括 5G 网络技术、人工智能、智能制造、自动驾驶技术、基因产业在内的领域。

2020 年，熊晓鸽出席在西安举办的 2020 全球创投峰会时也曾提到数字科技的未来投资机会。他指出，科技与数字化可能是未来的重要主题，其中像精准医疗、半导体、人工智能、自动驾驶以及云计算等方向都有投资机会，而这些方向的公司估值之高，已经不是投几百万元就能参与天使轮的状况了。

（三）偏爱企业服务和人工智能

在所投企业的特点方面，IDG 资本在数字科技领域更加侧重在企业服务以及人工智能、大数据方面的布局。根据零壹智库的不完全统计，如果将 IDG 资本在 2019—2021 年投资的数字科技企业的各类特点标签化，在所有标签当中，有 10 个标签的出现次数不低于 10 次，其中有 3 个标签含有"数据"字眼。此外，在这些出现次数较多的标签当中，"企业服务"出现的次数最多，达到 41 次；"人工智能"出现了 36 次，排名第二（见图 5-17）。

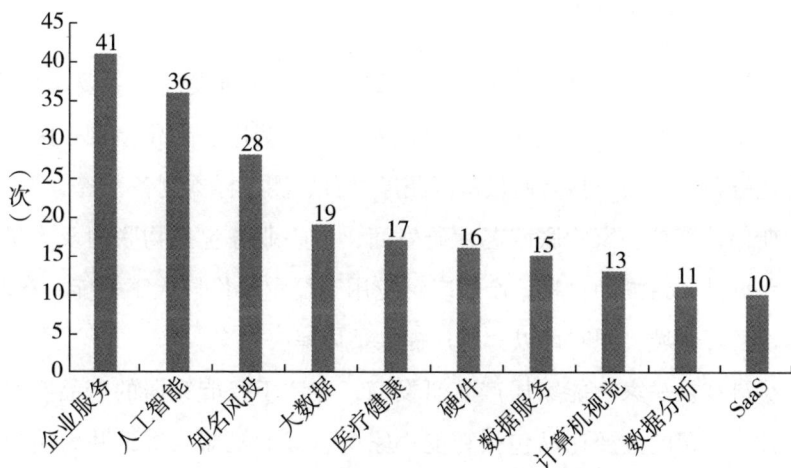

图 5-17 IDG 资本所投数字科技企业的特点标签

数据来源：零壹智库、《陆家嘴》杂志。

在融资规模方面，根据零壹智库的不完全统计，除去未披露以及只披露了大约融资规模的项目，IDG 资本在 2019—2021 年参与的数字科技项目融资规模多数都在亿元以上，其中排名前十位的项目融资规模都在 15 亿元以上，融资规模不足 1 亿元的项目仅有 10 个。其中融资规模最大的是华大智造，融资金额达到了 10 亿美元，约合人民币 63.48 亿元（见表 5-7）。

表 5-7 IDG 资本 2019—2021 年参与的融资规模前十大数字科技投资项目

序号	公司	首次融资时间	合计融资金额
1	华大智造	2020-05-28	10 亿美元
2	奕斯伟计算	2019-11-25	45 亿元
3	追觅科技	2020-08-31	36 亿元
4	Momenta	2021-03-19	5 亿美元
5	多点 Dmall	2020-10-30	28 亿元
6	粉笔网	2021-01-01	3.9 亿美元
7	准时达	2019-01-29	24 亿元
8	文远知行 WeRide	2021-05-13	3.1 亿美元
9	火花思维	2019-03-23	2.75 亿美元
10	赢彻科技	2021-08-03	2.7 亿美元

数据来源：零壹智库、《陆家嘴》杂志。

华大智造是一家基因测序仪、配套试剂及耗材研发商，主要提供实时、全景、全生命周期的生命数字化全套设备，布局测序、生化检测、医学影像等全产业链条，产品包括高通量基因测序平台、测序样本制备系统等。

奕斯伟计算是一家物联网芯片研发商，核心业务包括物联网及人机交互集成电路设计、封测和材料，产品广泛应用于显示器件、人工智能、车联网、可穿戴设备等领域，同时可以为用户提供整体解决方案。

追觅科技是一家智能家居产品研发商，专注于智能家居的产品定义、研发、设计。公司的主要产品包括智能小家电、智能机器人等，并为用户提供相关产品的技术支持和行业解决方案。

多点 Dmall 是一个线上线下一体化全渠道新零售平台，品类覆盖生鲜、日用百货等消费品，依托于与本地大型商超的深度结合，从技术、商品、库存、仓储、会员、营销等方面实现线上和线下的运营。

（四）总结

IDG 资本在国内开展风险投资至今已经 30 年，其间投资了超过 1500 家公司，完成退出 400 多次，如此多的投资数量在业内也是排在前列的。这 1500

多家公司，主要集中在 TMT（科技、媒体和通信）、医疗、消费、娱乐、先进制造、清洁能源等领域，IDG 资本历年参与融资的公司中已有超过 50 家在全球主要的证券交易所挂牌上市。

而在数字科技领域，IDG 资本的投资活动同样活跃。根据零壹智库的不完全统计，IDG 资本在 2019—2021 年投资的数字科技企业数量在股权投资行业名列前茅。具体来说，IDG 资本在数字科技投资领域更加侧重企业服务以及在人工智能和大数据方面的布局。

六、深创投：硬科技与数字科技投资"比翼双飞"

根据零壹智库的不完全统计，2019—2021 年，深创投共参与数字科技投融资事件 121 起，去除 IPO、并购、定向增发后为 120 起，跻身数字科技股权投资机构前十榜单。

深创投创立于 1999 年，是投资机构当中较为少见的"国家队"。深创投目前还管理着多只基金，包括 178 只私募股权基金、14 只股权投资母基金，16 只不动产基金。同时，集团下设国内首家创投系公募基金管理公司——红土创新基金管理有限公司。

（一）拥有国资背景，关注自主技术和新兴产业

根据深创投官网对创投业务板块的介绍，深创投主要投资中小企业、自主创新高新技术企业和新兴产业企业，涵盖信息科技、智能制造、互联网、消费品及现代服务、生物技术及健康、新材料、新能源及节能环保等行业领域，覆盖企业全生命周期。公司坚持"三分投资、七分服务"的理念，通过资源整合、资本运作、监督规范、培训辅导等多种方式助推投资企业快速健康发展。

截至 2023 年 6 月，深创投投资企业数量、投资企业上市数量行业领先：已投资项目 1703 个，累计投资金额约 976 亿元，其中 254 家投资企业分别在全球 17 个资本市场上市，525 家投资企业已退出（含 IPO）。专业的投资和深度的服务，助推了康方生物、怡合达、腾讯音乐、西部超导、宁德时代、迈

瑞医疗、瑞芯微、奇安信、恒玄科技、中芯国际、信维通信、睿创微纳、潍柴动力、复旦微电、华大基因、荣昌生物、澜起科技、稳健医疗等众多明星企业成长，也成就了深创投优异的业绩。

深创投在投资时，主要关注的是具有自主技术、立足新兴产业的企业，相关行业领域已经覆盖包括信息科技、智能制造等在内的多个应用方向。

与此同时，深创投的国资色彩也不可小觑。根据深创投官网介绍，该公司全名"深圳市创新投资集团有限公司"，1999 年由深圳市政府出资并引导社会资本出资设立，公司以发现并成就伟大企业为使命，致力于做创新价值的发掘者和培育者，已发展成以创业投资为核心的综合性投资集团。目前，深创投的注册资本为 100 亿元，管理各类资金总规模约为 4462 亿元。

值得关注的是，深创投的董事长和总裁在入职之前拥有政府部门的任职经历，也具有专业背景。

根据公开资料，深创投董事长、党委书记倪泽望具有工科背景，1991—1997 年先后担任深圳华为技术有限公司副总工程师、深圳泰康信工业有限公司总经理。1997 年，倪泽望进入深圳市罗湖区政府任职，先后任区科技局副局长、罗湖区委书记、区人大常委会主任。

深创投总裁左丁的履历和倪泽望也有相似之处。根据公开资料，左丁在2019 年加入深创投之前历任中国证监会国际合作部境外上市处副处长、国际组织处处长，稽查总队第七支队党委委员、副支队长，深圳监管专员办事处党委委员、副专员，深圳证监局党委委员、副局长，拥有丰富的证券市场监管经验。

（二）持续扩大对数字科技布局

在出席公开会议时，深创投高管多次表达了对科技行业的积极支持。根据报道，深创投董事长倪泽望 2021 年 10 月在出席一次论坛并发表演讲时指出，截至 2021 年 9 月，深创投累计投资企业达 1174 家，其中硬科技企业占比达到 72%。即便在 2020 年新冠疫情的时候，深创投也逆势加码，投资项目数量达 198 个，创历史新高，且硬科技含量更高。在 198 个项目当中，智能制造占比超过 21%，信息科技项目占比约为 28%，生物医药占比约为 20%，新材料项目占比约为15%。此外，深创投2020年至2021年9月投资的企业中，有24家已经实现科创板上市，占科创板市场同期上市企业数量的7%。而在上述涉及的行业中，信息科技行业是各个投资机构的重点关注对象，也是深创投投资金额最大、投资企业最多的行业。

在更早之前的2020年8月，深创投总裁左丁在出席一次峰会时发表了题为"数字时代的投资机遇"的演讲，他谈到国内随着大数据、人工智能、5G、IoT等新兴数字技术的落地和规模化应用，数字经济增长快速，特别在当前全球经济增长放缓的背景下，数字经济对整个经济拉动的突出作用又表现出来，对世界各个经济体的支撑作用越来越明显。在互联网发展浪潮中催生的大数据、AI、区块链等数字化技术将有望进一步赋能传统行业，迎来一波B端用户红利，电信、政府、银行、制造业和交通等行业的数字化应用较为领先。

深创投在硬科技赛道的投资无疑具有数量上的优势，与此同时，它也在不断扩张数字科技领域的投资布局。如将投资记录按年份划分可以发现，2019—2021年，深创投对于数字科技项目的投资数量呈现逐年上涨的趋势，其中2021年的增长尤为明显（见图5-18）。

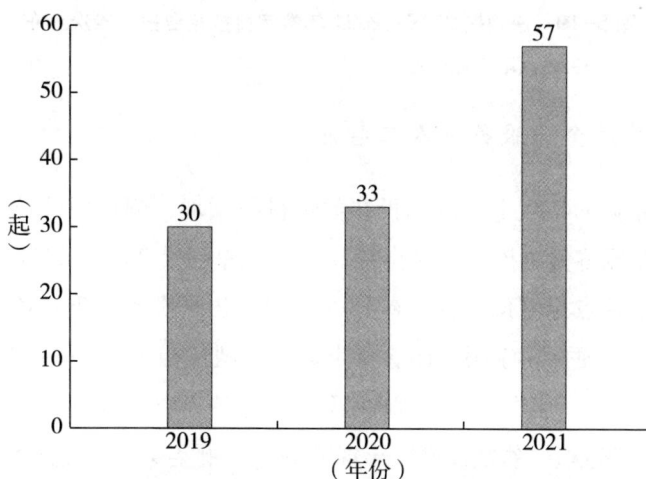

图5-18 深创投2019—2021年数字科技项目投资数量

数据来源：零壹智库、《陆家嘴》杂志。

据零壹智库的不完全统计，2019—2021 年，深创投已有 121 次领投和参投数字科技企业的记录，涉及企业 109 家。在投资的轮次方面，深创投投资数字科技企业的事件记录涉及企业融资的各个阶段，其中 A 轮和 B 轮的占比相对较大（见图 5-19）。

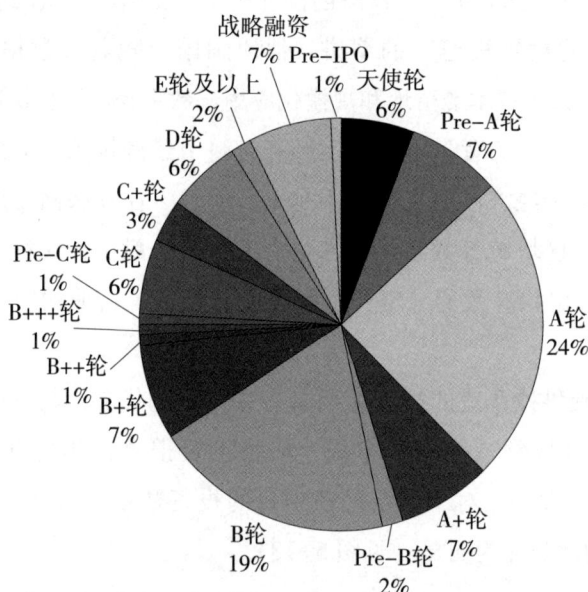

図 5-19　深创投 2019—2021 年数字科技企业投资轮次分布

数据来源：零壹智库、《陆家嘴》杂志。

（三）关注企业服务及人工智能

在所投企业的特点上，深创投在数字科技领域，侧重硬件及人工智能方面的布局。根据零壹智库的不完全统计，在将深创投 2019—2021 年投资的数字科技企业的特点标签化之后，有 13 个标签的出现次数不低于 10 次，其中有 2 个标签含有"硬件"字眼，还有 4 个标签与硬件相关联——芯片、半导体、先进制造、机器人。此外，在出现次数较多的标签当中，"企业服务"出现的次数最多，达到 38 次；"智能硬件"出现了 28 次，排名第二（见图 5-20）。

在融资规模方面，根据零壹智库的不完全统计，除去未披露及只披露了大概的融资规模的项目，2019—2021 年深创投参与的融资规模前十大数字科技投资项目见表 5-8，融资规模从 3 亿元到 60 亿元不等。

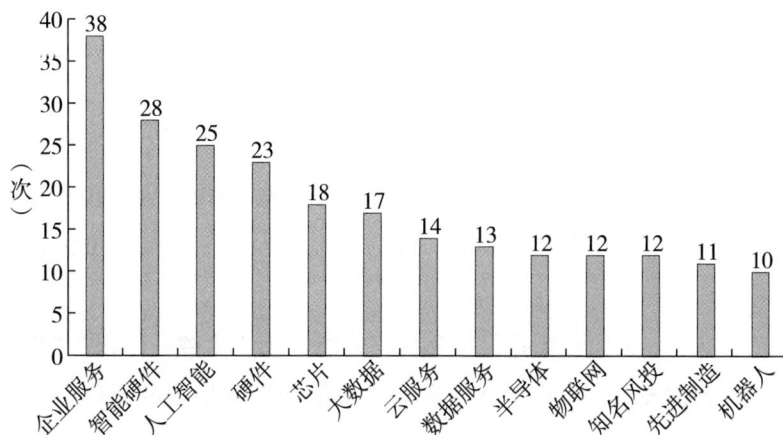

图 5-20　深创投所投数字科技企业的特点标签

数据来源：零壹智库、《陆家嘴》杂志。

表 5-8　深创投 2019—2021 年参与的融资规模前十大数字科技投资项目

序号	公司	首次融资时间	合计融资金额
1	云网万店	2020-11-30	60 亿元
2	航天云网	2021-03-17	26.32 亿元
3	长光卫星	2020-11-30	24.64 亿元
4	北森 Beisen	2021-05-11	2.6 亿美元
5	绿米联创	2021-10-28	10 亿元
6	高灯科技	2019-10-18	10 亿元
7	龙旗股份	2021-03-11	1 亿美元
8	德风科技	2021-04-25	5 亿元
9	百望云	2019-08-25	5 亿元
10	捷配科技	2021-08-10	3 亿元

数据来源：零壹智库、《陆家嘴》杂志。

云网万店是一家电商全场景融合交易服务商，主要包括面向用户和商户提供电商和本地互联网等全场景融合交易服务，面向零售商和供应商提供供应链、物流、售后和各业态的零售云服务，与核心业务配套整合构建相关研发和运营管理团队。

航天云网是一家工业互联网服务平台，以"信息互通、资源共享、能力协同、开放合作、互利共赢"为核心理念，以"互联网+智能制造"为发展方向，以提供覆盖产业链全过程和全要素的生产性服务为主线，以技术创新、商业模式创新和管理创新为重要战略举措，依托航天科工雄厚的科技创新和制造资源，开放聚合社会资源，构建以"制造与服务相结合、线上与线下相结合、创新与创业相结合"为特征，适应互联网经济业态与新型工业体系的航天云网生态系统。

长光卫星是一家商业遥感卫星公司，公司依托"星载一体化""机载一体化"等核心关键技术，建立了从卫星、无人机研发与生产到提供遥感信息服务的完整产业链。

北森 Beisen 是一家国内一体化 HR SaaS 及人才管理平台，借助人才管理云计算平台 iTalentX，提供人才测评系统、招聘管理系统、绩效管理系统、继任与发展系统、360 度评估反馈系统、员工调查系统六大产品服务。

绿米联创是一个智能家庭生活产品研发商，小米生态链企业的产品包括人体传感器、门窗传感器等小米智能家庭套装，同时推出新品牌 Aqara，与米家系列产品形成互补。

倪泽望在 2022 年 1 月出席线上会议时，对科技行业的创业者提出了以下四点建议：

第一，科技创业是超长的赛道，需要注重循序渐进的融资，追求资本的质量优于追求估值。所谓资本质量，是要找到合适的创业伙伴或合作机构，要找那些懂创业者、专业且能长期陪跑的投资机构。

第二，融到的资金，无论多少，要分步使用，不要快速用完，要为突发情况预留充足的资金，要有现金储备才能灵活应对各种风险。

第三，要重视人才，重视团队建设。要设计长短期相结合的激励机制，为公司发展融合多样化的人才。这个时代，抓到人才就抓到了未来。

第四，创业企业要融入国家发展大局。国家需要什么，产业需要什么，我们就做什么。

（四）总结

深创投作为创投第一梯队的成员，开展风险投资已经超过 20 年，投资的项目超过 1700 个，完成退出 500 次以上，投资企业数量、投资企业上市数量均居国内创投行业第一位。而在数字科技领域，深创投的投资活动保持增长，2021 年增长尤为显著。根据零壹智库的不完全统计，深创投在 2019—2021 年投资的数字科技企业数量在股权投资行业中名列前茅。具体来说，深创投在数字科技领域，除了侧重企业服务，对硬件和人工智能方面同样关注。

七、顺为资本：顺势而为的小米系 VC

在数字科技这条宽阔的赛道上，顺为资本是投资健将。

从 2011 年成立至今，顺为资本的资金管理规模已经超过 380 亿元，募集了总计 50 亿美元的 5 期美元基金及 50 亿元的 4 期人民币基金，出资人包括国际知名主权基金、家族基金、基金中的基金及大学基金会等。十多年以来，顺为资本投资了近 500 家优秀企业，包括 15 家超级独角兽企业（市值超百亿美元）和 50 家左右的独角兽企业（市值超 10 亿美元），多家企业已经上市。

（一）数字科技赛道的领跑选手

2011 年顺为资本创立，赶上了移动互联网兴起的好时候。根据顺为资本官网介绍，顺为资本重点关注深科技、智能制造、互联网+、智能硬件、消费、企业服务、电动汽车生态等领域。

顺为资本是数字科技投资赛道上的领跑者。按照 2019—2021 年投资数字科技企业的总数量排名，顺为资本跻身股权投资机构 TOP10 榜单。

根据零壹智库的不完全统计，2019—2021 年，顺为资本共投资 119 起数字科技项目，占该 VC 所有领域投资事件（207 起）的 57%。据零壹智库的不完全统计，顺为资本近几年在数字科技领域的投资数量呈不断上升态势，尤其是 2021 年出手更加频繁，投资事件达到 68 起，较 2020 年增长 143%（见图 5-21）。

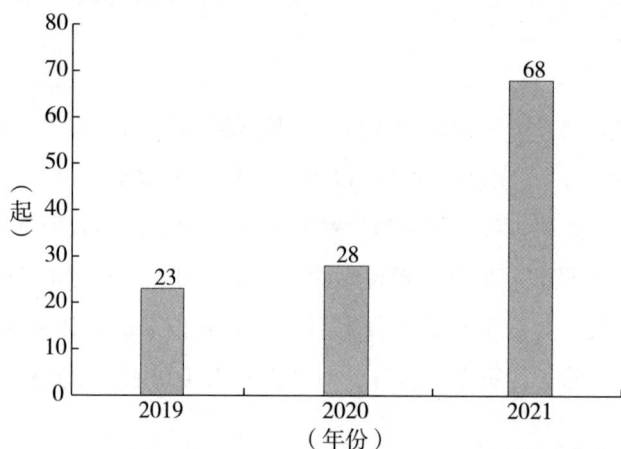

图 5-21　顺为资本 2019—2021 年数字科技项目投资数量

资料来源：零壹智库、《陆家嘴》杂志。

顺为资本主要投资于初创期及成长期的优质创业公司。据零壹智库的不完全统计，顺为资本 2019—2021 年对数字科技企业的投资主要集中在 A 轮和 B 轮。其中 A 轮约占 24%，如果将 Pre-A 轮、A+轮纳入，那么占比提高到约 40%；B 轮占比约为 18%，如果加上 Pre-B 轮、B+轮和 B++轮，则占比达到约 27%（见图 5-22）。

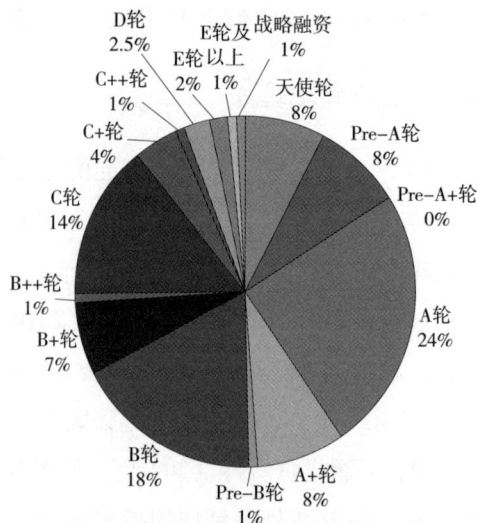

图 5-22　顺为资本 2019—2021 年投资数字科技企业轮次分布

注：由于四舍五入，数据存在一定误差，数量占比之和不等于 100%。
资料来源：零壹智库、《陆家嘴》杂志。

（二）顺为资本的灵魂人物

顺为资本拥有一支近 50 人的团队。雷军和许达来是顺为资本的灵魂人物，雷军是顺为资本的董事长，许达来担任 CEO。

雷军是互联网方面的代表人物，曾经成功创办多家知名企业，金山软件、卓越网和小米都是他的成名之作。他是金山软件的联合创始人，于 2007 年带领金山软件成功上市；他曾创办卓越网，并于 2004 年成功将其出售给亚马逊；他还创办了小米公司，2018 年 7 月 9 日小米在香港证券交易所成功上市，是继阿里巴巴、Facebook 之后的全球第三大科技企业 IPO。

许达来在股权投资方面积累了丰富的经验，投资领域涵盖高科技、互联网、制造业、零售和消费以及物流等多个行业。他全方位负责顺为资本的投资和管理等各项事务，带领公司团队重点关注国内市场以及印度和东南亚市场的投资项目。在联合创办顺为资本之前，他曾在 C. V. Starr、新加坡政府投资公司（GIC）、美国国际集团（AIG）及德意志银行等多家国际知名机构担任管理职位。

许达来的代表性投资项目包括小米科技、一起作业、智慧芽、加一联创、金山软件、金山办公、南芯科技、Momenta 等。

2006 年，许达来在 GIC 任职时，主导了 GIC 对金山软件的投资，也是在那时与雷军结缘。2011 年，在许达来的提议下，两人联合创办了顺为资本。

作为一家 VC 机构，顺为资本的投资风格偏稳健。雷军和许达来为顺为资本定下了相对稳妥的投资原则：第一，投风口，但不烧钱；第二，三思而行。前一个原则是对机会的判断，后一个原则是对风险的把控。

顺为资本在 2011 年投中移动互联网，几年后投了智能硬件，然后投资深科技，之后又发现了印度市场，都抓住了趋势早期的机会，印证了顺为资本名称所隐含的"顺势而为"的内涵。许达来 2019 年在接受一次采访时表示，智能制造和高科技元器件、智能制造和机器人、产业互联网、中国消费品出海等领域都是未来 10 年的投资机会所在。

（三）捕获多只独角兽且多家公司已上市

"人因梦想而伟大。从梦想到现实的过程中，我们希望协助互联网和高科技创业者完成创业梦想，共同携手创造令人尊敬的伟大企业！"这是顺为资本官网首页显示的 slogan（标语）。

成立 10 多年来，顺为资本投资了近 500 家优秀企业，包括 15 家超级独角兽企业和 50 家左右的独角兽企业。顺为资本麾下已经有多家上市公司，包括蔚来汽车（NIO. NYSE）、爱奇艺（IQ. US）、小米集团－W（01810. HK）、金山云（KC. US）、一起教育科技（Nasdaq：YQ）、BOSS 直聘（BZ. US）、金山软件（03888. HK）及华米（ZEPP. US）等。

表 5-9 统计了 2019—2021 年顺为资本参与的融资规模前十大数字科技投资项目。这些企业在各自的细分赛道中都已经崭露头角，甚至处于行业领先地位。其中，追觅科技、货拉拉（E 轮）、Momenta、晶泰科技融资规模在 20 亿元以上。

表 5-9　顺为资本 2019—2021 年参与的融资规模前十大数字科技投资项目

序号	企业名称	时间	阶段	金额
1	追觅科技	2021-10-20	C 轮	36 亿元
2	货拉拉	2020-12-22	E 轮	5.15 亿美元
3	Momenta	2021-03-19	C 轮	5 亿美元
4	晶泰科技	2020-09-28	C 轮	3.19 亿美元
5	智慧芽	2021-03-17	E 轮及以上	3 亿美元
6	货拉拉	2019-02-21	D 轮	3 亿美元
7	LingoAce	2021-12-03	C 轮	1.05 亿美元
8	怪兽充电	2019-12-24	C 轮	5 亿元
9	数美科技	2020-01-07	C 轮	7300 万美元
10	Kyligence	2021-04-21	D 轮	7000 万美元

注：本表仅统计已披露具体融资金额的投资事件记录。
资料来源：零壹智库、《陆家嘴》杂志。

晶泰科技作为一家人工智能药物研发服务的提供商，公司以数字化和智能化驱动，专注于药物固相研发，通过计算物理、量子化学、人工智能与云端智能算法，实现药物固相筛选与设计，为有数据分析和智能分析需求的用户提供创建数据分析模型、预测、产生分析报告及报告结果可视化等服务。用户可以定制需要的人工智能及统计模型，或者直接使用平台上其他用户分享的成熟模型。

智慧芽是一家独角兽企业，专注于知识产权和科技创新服务，致力于通过大数据和机器学习、计算机视觉、自然语言处理（NLP）等人工智能技术，为各行各业的科技企业、高校、研究院以及政府的产业、知识产权和科技主管部门提供创新研发和知识产权全生命周期解决方案。

（四）总结

作为中国互联网代表人物雷军和资深投资人许达来联合创办的一家 VC，顺为资本成立 10 多年来，已经跻身数字科技投资机构榜单前十，管理资金规模持续增长，投资了多家独角兽甚至超级独角兽企业，且有多家企业已经上市，展现了不一般的资本运作能力、企业管理能力和风险投资能力。近年来，顺为资本仍在持续扩大对数字科技企业的投资版图，在帮助互联网和高科技创业者实现创业梦想的路上成就了自己。

八、"科技天使"真格基金：偏爱企业服务和人工智能

根据零壹智库的不完全统计，2019—2021 年，真格基金共参与数字科技投融资事件 104 起，跻身数字科技股权投资机构前十榜单。

真格基金是由新东方联合创始人徐小平、王强与红杉中国共同创立的早期投资机构，总部位于北京，主要关注未来科技、人工智能、企业服务、医疗健康、大消费、移动互联网等领域。从创立至今，真格基金已投资的创业公司超过 800 家，超过 110 个项目通过多种方式实现退出。

（一）多方"强强联手"，专注科技投资

根据真格基金官网的介绍，真格基金是由徐小平、王强先生联合红杉中

国创立的早期投资机构，累计管理资金总规模超过 120 亿元。真格基金自创立伊始，一直积极在未来科技、人工智能、企业服务、医疗健康、大消费、移动互联网等领域寻找最优秀的创业团队和引领时代的投资机会。

真格基金陆续投资了 800 余家创业公司，从早期陪伴了小红书、Nuro、依图科技、地平线、Momenta、燧原科技、晶泰科技、AutoX、思谋科技、爱笔智能、找钢网、罗辑思维、兴盛优选、美菜、出门问问、蜜芽等公司成长为独角兽企业。自 2011 年起，真格基金被投公司世纪佳缘、聚美优品、兰亭集势、51Talk、牛电科技、老虎证券、亿航智能、逸仙电商、优客工场、水滴、格灵深瞳、禾赛科技、云天励飞等陆续上市，超过 110 个项目通过多种方式实现退出，获得投资回报。

真格基金积极在未来科技、人工智能、企业服务等方向寻找初创企业以及投资机会，与当初联合创立真格的各方——徐小平、王强和红杉中国都有密切关系。

徐小平和王强二人在成立真格基金之前，曾经与俞敏洪联手，将新东方从英语培训学校发展为纳斯达克挂牌上市的教育企业，最高峰时股价接近 200 美元，市值超过 330 亿美元。

"寻找真正优秀的创业者，缔造引领科技创新并改变世界的伟大公司"，是徐小平和王强创立真格的初衷。

王强在 2021 年 11 月接受采访时曾经指出，能够成大事的创业者，多数都具备以下几个特质。

第一，纯粹。这里的"纯粹"并非指道德方面，而是指创业者对进入的领域充满了激情。这样的创业者在出发的时候，大多会思考得非常长远、有深度，也很持久。而这些思考，可以有效抵挡市场、金融等周期性的波动对于公司治理方面带来的挑战。

第二，创业团队相对完整。在王强看来，如果创业者连第二号人物都没拉来，那说明他的梦想还不太有说服力。至少应该有两三个跟他旗鼓相当的人，愿意在几乎没有薪水的状态下挥洒青春、搏一场，这样他成功的概率会比较大。

第三，充满好奇和学习能力。再聪明的创业者，在进入市场、面向未来的时候，各种复杂的因素都会让他对已经确定的事情产生疑虑和困惑，此时需要敢于壮士断腕，去舍弃某些东西。换句话说，创业者要想让企业沽下去，某些时候必须敢于转型，有时甚至是彻底转型。而以上这些，需要非常快速的学习能力和迭代能力作为支撑。

（二）科技定位清晰，关注早期阶段

观察真格基金近几年的投资事件记录可以发现，2019—2021年，真格基金对于数字科技项目的投资数量逐年上涨，其中2021年更是出现了明显加速（见图5-23）。

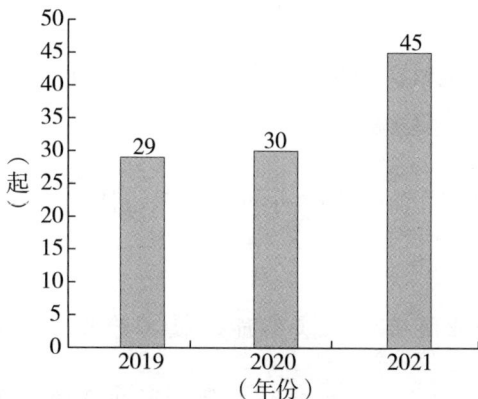

图 5-23　真格基金 2019—2021 年数字科技项目投资数量

数据来源：零壹智库、《陆家嘴》杂志。

据零壹智库的不完全统计，2019—2021年，真格基金已有104起领投和参投数字科技企业的事件记录，涉及企业81家。在投资轮次方面，真格基金100多起投资数字科技企业的事件记录多数集中于企业融资的初期阶段，其中天使轮、A轮、Pre-A轮的占比相对较大（见图5-24）。

作为真格基金创始合伙人兼CEO的方爱之，笃定于真格基金在科技领域的发展，至于科技热度提升所导致的早期投资估值上升，在她看来并不是问题。她在2021年11月接受采访时曾经指出，真格在该年年初的战略会上突然发现，自己的定位其实非常清晰，就是要做"科技天使"，这并非转型，而是基于过去的项目和未来的发展所做出的决定。她同时表示，对于科技领域

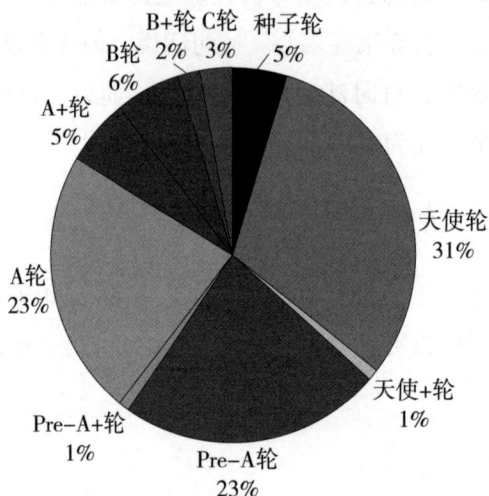

图 5-24　真格基金 2019—2021 年数字科技企业投资轮次分布

数据来源：零壹智库、《陆家嘴》杂志。

早期估值水涨船高并不担心，因为早期永远是最便宜的，坚持做自己的事情就好。

（三）侧重企业服务、人工智能、技术应用

在所投企业的特点上，真格基金在数字科技领域，除关注硬件以及人工智能外，对于具体的技术应用同样着墨不少。根据零壹智库的不完全统计，在将真格基金 2019—2021 年所投数字科技企业的特点标签化之后，有 22 个标签的出现次数不低于 10 次，其中有 2 个标签含有"硬件"字眼，而剩下的标签则多与技术应用有关。在这些出现次数较多的标签当中，"企业服务"出现的次数最多，达到 53 次；"人工智能"出现了 37 次，排名第二（见图 5-25）。

在融资规模方面，根据零壹智库的不完全统计，除去未披露以及只披露了大概融资规模的项目，在真格基金 2019—2021 年参与的融资规模最大的数字科技投资项目当中，前十个的融资规模都在 1 亿元以上，其中融资规模最大的达到了 2 亿美元（见表 5-10）。

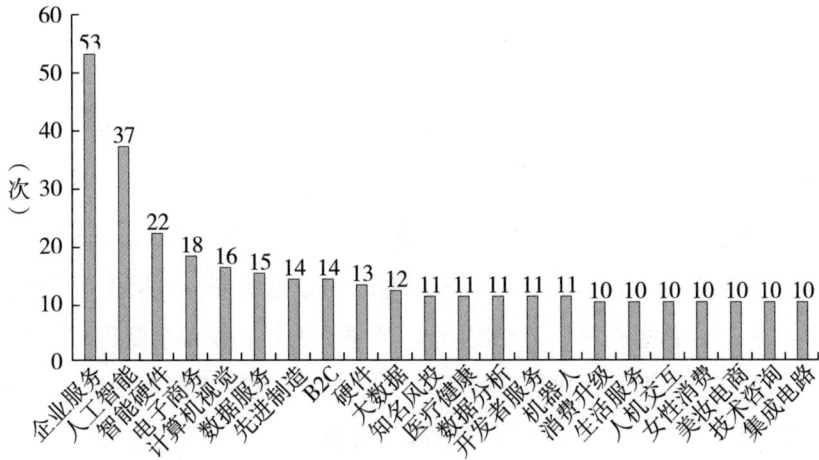

图 5-25　真格基金所投数字科技企业的特点标签

数据来源：零壹智库、《陆家嘴》杂志。

表 5-10　　真格基金 2019—2021 年参与的融资规模前十大数字投资项目

序号	公司	首次融资时间	合计融资金额
1	思谋科技	2021-06-24	2 亿美元
2	青藤云安全	2021-06-07	6 亿元
3	十荟团	2020-01-09	8830 万美元
4	黑湖智造	2019-05-06	6.5 亿元
5	芯耀辉	2021-01-22	超 4 亿元
6	瀚博半导体	2020-11-30	5000 万美元
7	循环智能	2019-09-26	3800 万美元
8	多保鱼	2019-02-11	2 亿美元
9	墨芯智能	2021-03-26	1 亿元
10	云联万维	2020-05-14	1.5 亿元

数据来源：零壹智库、《陆家嘴》杂志。

思谋科技是一家"5G+AI"领域的科技公司，致力于将 5G、AI 应用在高清视频、智能制造等领域。

青藤云安全是一家自适应云安全技术服务提供商，旗下主要产品是青藤自适应云安全平台，专注为互联网企业提供全面、精确、智能的安全保护服务。

十荟团是一家美食社区电商服务平台，锁定社区果蔬、生鲜和家居用品，以社区为切入点，瞄准家庭日常消费场景，全力开拓二、三线城市市场；搜罗全球生鲜美食，借助智能高效的供应链，把新鲜带给每个家庭，让福利惠及每位用户。

黑湖智造专注打造利用数据驱动生产效率提升的制造协同 SaaS 软件，通过高效的数据聚合、精准的数据分发、实时的数据协同，打破生产管理和供应链协作中的"信息孤岛"，优化生产、质量、物料、设备全流程，提高生产柔性、缩短交付周期、优化物流效率，帮助工厂迅速响应消费者个性化需求，由"设计定义制造"向"需求定义制造"转型。

芯耀辉是一家专注于先进半导体 IP 研发和销售、赋能芯片设计和系统应用的高科技公司。通过与行业国际巨头独家合作，芯耀辉拥有业界先进、可靠的接口 IP 技术，可服务于数字新基建核心芯片设计的数据中心、高性能计算，5G、物联网、人工智能、消费电子等多个领域。

（四）总结

徐小平、王强与红杉中国的"强强联手"，在催生真格基金之余，还让它带上了浓厚的科技基因，这一点不仅体现在真格基金的定位上，也体现在数字科技领域的投资中。根据零壹智库的不完全统计，真格基金 2019—2021 年投资的数字科技企业数量在股权投资行业中名列前茅。具体来说，真格基金在数字科技领域的投资侧重企业服务、人工智能、技术应用三个板块，这一点从其所投企业涉及的特点标签数量可以看出。

第六章

数字科技的独角兽

独角兽企业是投资界中一个非常火的概念。2013 年，美国著名的风险投资公司 Cowboy Ventures 的投资人 Aileen Lee 将私募和公开市场中估值超过 10 亿美元的创业公司划分出来，并将这些公司称为"独角兽"。一般而言，这些公司的成立时间不超过 10 年。

综合胡润、IT 桔子、零壹智库等的数据，截至 2021 年年底，国内数字科技独角兽数量超过 250 家，估值超过 100 亿美元的有 8 家，其中字节跳动和蚂蚁集团估值分别高达 4200 亿美元和 1500 亿美元；估值为 50 亿~100 亿元的有 27 家。本章从中选出 10 家公司做详细介绍，它们都是各自领域的明星公司，介绍时将尽可能挖掘其成长历程和业务亮点。

一、物流"搅局者"——极兔速递

极兔速递（J&T Express）成立于 2015 年 8 月，是一家科技创新型互联网快递企业，也是东南亚首家以互联网配送为核心业务的全球综合物流服务运营商，业务涉及快递、快运、仓储及供应链等多元化领域，业务类型涵盖同城、跨省及国际件。

（一）公司概况

2015 年 8 月，出身 OPPO 的李杰带领团队在印度尼西亚（以下简称印尼）创立了极兔速递，本意是为了解决 OPPO 手机在东南亚市场的运输问题，但最终极兔却借助 OPPO 遍布印尼的关系网络走上了发展快车道，踩中了东南亚产业数字化的黄金 5 年，成为东南亚快递业当之无愧的一匹黑马。

e-Conomy SEA 2019 报告中的数据显示，2015—2019 年，东南亚五国的电商 GMV（商品交易总额）复合增速均超 35%，且 2019—2025 年仍有望以超过20%的复合增速持续增长。极兔成立的那一年，马来西亚政府颁布了《物流与贸易便利化总体规划（2015—2020）》，印尼新上任的总统佐科积极推进包括电子商务和智慧物流在内的国家产业数字化建设。

极兔拥有国内先进的快递业经营模式，这对东南亚当地传统快递物流企业造成了降维打击，短短两年间就成为东南亚市场单量第二、印尼快递行业单日票量第一的公司。极兔给东南亚带来了众多的第一次：首次引入全套智能分拣系统，首次推动建立"区域转运+片区集散+网点收派"的形式，首家实现365天全年业务无休。

目前极兔速递的快递网络已经覆盖中国、印尼、越南、马来西亚、泰国、菲律宾、柬埔寨、新加坡、阿联酋、沙特阿拉伯、墨西哥、巴西和埃及等国，已跃居印尼第一大、东南亚第二大快递公司（见图6-1）。

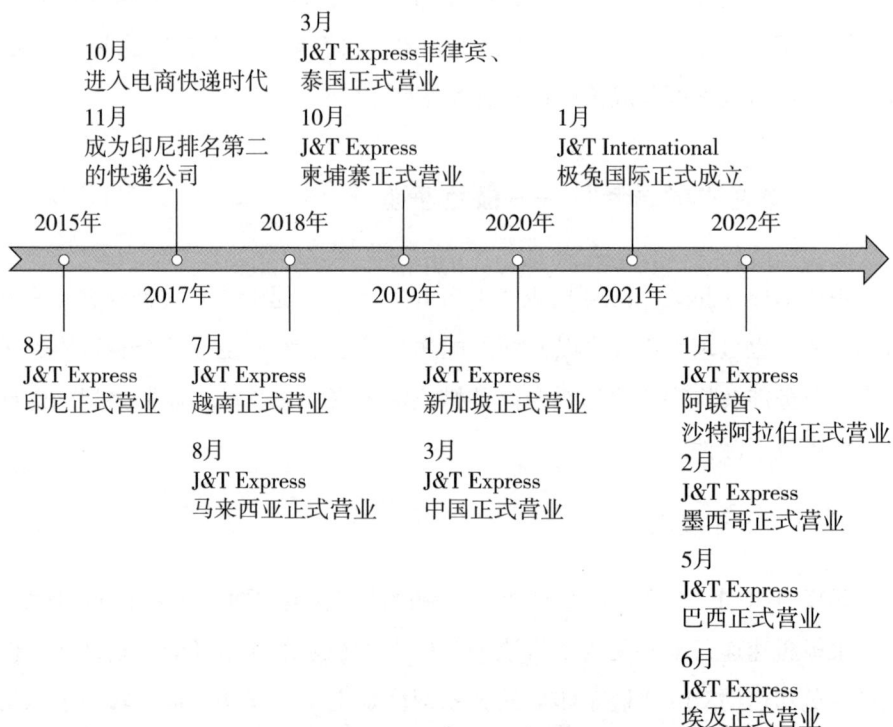

图6-1 极兔速递发展历程

这只来自印尼的"兔子"在国内的发展同样令人惊叹。2019年极兔开始筹划进军中国市场，先是收购了龙邦快递来解决全国快递业务的运营资质问题，随后在全国各地进行布局试运营，并在 2020 年 3 月正式分批起网。前后仅花了不到一年的时间，极兔就做到了从 0 到 2000 万的日单量。

极兔在东南亚主要以自营为主，在国内为了快速扩张则采取了"直营+加盟"的运营模式。2022 年极兔在国内已有自营网点超过 5000 个、加盟网点 1000 多个，全国省市覆盖率达到 100%，区县覆盖率为 98%，乡镇覆盖率为 90%。随着直营网点的不断让出，极兔的经营模式逐渐由"直营为主，加盟代理为辅"转为"加盟式网络，直营化管理"，加盟成为核心。

（二）"进击的兔子"——极兔中国崛起之路

1. 资本加持，背靠流量

从名不见经传到搅动快递业江湖风云，极兔如此迅猛的发展速度离不开其背后资本和流量平台的扶持。

作为出身 OPPO、师从段永平的创业者，李杰创建的极兔在进军中国市场的过程中也得到了段永平的大力扶持和"OV 系"的许多资源倾斜。在起网的过程中，除了总部的投入，"OV 系"的许多手机经销商都成了极兔的加盟商。这些经销商"带资入场"，将原有手机业务赚取的大量资金转投支持极兔的大力扩张，减轻了极兔扩张前期失血过多的风险。同时，他们也通过 OPPO 和 vivo 的线下市场帮助极兔建设仓库和配送网点，招募和管理快递员，快速构建起极兔自己的运输网络以支撑发展。

虽然自进入中国市场以来，极兔的低价战略一直备受诟病，但获得了国内顶级风投机构的认可。2021 年 4 月，极兔速递获得了 18 亿美元的新一轮融资，由博裕资本领投 5.8 亿美元，红杉资本和高瓴资本跟投。在这轮投融资后极兔的估值达到了 78 亿美元，在当时国内快递业仅次于中通、顺丰和京东物流。2021 年 11 月，极兔在被三大国内风投机构跟投的同时获得国外顶级风投海纳亚洲的投资，融资 25 亿美元后，估值已达 200 亿美元，超越申通、圆通、韵达市值，逼近中通市值，接近顺丰的一半（见表 6-1）。

表 6-1　　　　　　　　　　极兔速递融资历程

公开日期	轮次	金额	投资机构	投后估值
2019-02-23	种子	2000 万卢比	Into Edge	—
2021-04-27	A	18 亿美元	博裕资本、红杉资本、高瓴资本	78 亿美元
2021-08-30	B	2.5 亿美元	—	—
2021-11-24	C	25 亿美元	博裕资本、高瓴资本、红杉资本、海纳亚洲	200 亿美元

数据来源：零壹智库。

"OV 系"和股权投资为极兔提供了一定的资源与资本支持，电商平台拼多多的流量扶持也不可或缺，在极兔发展的过程中拼多多的确也扮演了极为重要的角色。

拼多多已成为中国用户规模极大的电商平台之一，2020 年全年订单数达 383 亿单，日均包裹数超过 7000 万个，约占中国日均总包裹数的 1/3。据相关媒体报道，拼多多是极兔的首要合作伙伴，极兔成立初期 90% 以上的订单来自拼多多，而拼多多也的确曾对选用极兔速递的商家给予一定的补贴和平台流量支持。可见，拼多多这一庞大的流量平台给极兔业务单量的迅速增长提供了极大的助力，帮助极兔在竞争本已十分激烈的国内快递市场中撕开了一道口子。

除了拼多多，极兔在国内还有包括抖音、快手、蘑菇街、有赞等在内的近 20 个合作渠道。

2. 低价突围，蹭网蹭量

资本和流量的加持固然能为极兔的发展保驾护航，但要快速拿下市场份额，极兔主要还是靠"价格战"突围。

2020 年在中国正式起网后，极兔的发货价格普遍低于"通达系"。2021 年 3 月，极兔将义乌当地的快递单价最低下降到 1 元以下。极兔针对"通达系"的价格战远不止于此。在派件费上，极兔一般比当地"通达系"高出 2~5 角，收件费上则比"通达系"异地派件的价格要便宜 2 元左右。

在低价攻势下，2020 年第四季度以来，极兔在国内快递业的市场份额迅速提升，行业中企业的市场份额被极兔瓜分了一部分。2020 年国内快递行业业务量增长率同比上涨了 5.9%，而业务收入增长率却下降了 6.9%。平均快递费更是从 2010 年的 24.6 元下滑到了 10.55 元。2020 年 12 月至 2021 年 3 月中国快递行业主要企业单票快递收入情况如表 6-2 所示。从快递公司的业绩来看，2021 年，"三通一达"要么大幅亏损，要么净利润增速远不及营收增速。老牌的快递企业被迫加入价格战，引发了国内快递业一波降价热潮。这场由极兔发起的"价格战"，有力地冲击了本已经过一番厮杀才形成的格局，让极兔成功在国内快递市场上站稳了脚跟。

表 6-2　　2020 年 12 月至 2021 年 3 月中国快递行业主要企业单票快递收入情况

快递企业	2020 年 12 月		2021 年 1 月		2021 年 2 月		2021 年 3 月	
	单票收入（元）	同比增速（%）	单票收入（元）	同比增速（%）	单票收入（元）	同比增速（%）	单票收入（元）	同比增速（%）
顺丰	16.94	-12.23	17.26	-12.39	15.11	-16.93	15.74	-12.12
圆通	2.21	-18.94	2.38	-19.25	2.6	-5.92	2.25	-11.03
申通	2.33	-28.09	2.51	-23.94	2.72	-8.42	2.25	-27.65
韵达	2.25	-25.99	2.23	-22.03	2.16	-28.48	2.19	-13.44

数据来源：公司公告及公开资料整理。

3. 融合百世，接入淘系

2021 年 10 月 29 日，极兔与百世集团签订收购协议，以人民币 68 亿元的价格收购了百世集团国内快递业务，极兔的业务量升至日均 4000 万单，市场份额提升至 15% 左右，一举进入中国快递产业的第一梯队。

极兔前期主要把大量资金注入到补贴上，对完善物流基础设施的投入不足，导致极兔缺乏足够的网络承载能力，这也是其他快递巨头得以对极兔实行联合封杀的关键所在。极兔和百世的融合直接让极兔的网络体系得以加速发展，获得了国内快递巨头的网络体系，成功补齐了自己在基建和网络末端建设上的短板。根据极兔官网的数据，截至 2022 年 3 月，转运中心数量由融合前的 74 个增至 85 个，操作场地面积扩张超过 2 倍；干线线路数量由之前的 1500 多条增至 3000 多条，干线线路班次、干线车辆数量、加盟商数量等也均有上升。

2021 年中国快递行业主要企业基础设施情况如表 6-3 所示。

表 6-3　　　　　2021 年中国快递行业主要企业基础设施情况

快递企业	服务网点（个）	转运中心（个）	干线运输车（辆）
顺丰	超 18000	139	45000
中通	30400	99	超 10100
韵达	32274	76	未公布
圆通	34078	58	超 5000
申通	超 28000	72	约 5500

数据来源：公司公告及官网。

阿里平台依旧在电商生态中占据着重要位置，与百世的融合将极兔接入"淘系"，带来了二次增长的新空间。菜鸟平台公布的 2022 年 6 月快递指数显示，在整体行业排名中，极兔紧随顺丰，超过了德邦、中通，位居第二，极兔的时效性、服务水平、信息化水平等综合能力正在不断提升。

（三）未来展望——这只兔子能跑多远？

1. 后价格战时代：效率战正打响

2021 年 4 月，极兔和百世因"低价倾销"被义乌邮政管理局处罚，价格手段逐渐失灵，快递业迎来涨价潮，各大公司的单票价格纷纷上调。后价格战时代，各大快递公司由价格竞争转向服务竞争，结合自身优势寻求各自的长期发展突破点，打好"效率战"。

对于极兔来说，其久久为功的是进入中国就开始进行的数字化全方位布局。收购百世快递业务之后，随着百世技术体系与人才的加入，自动化、智能化的物流体系的加成已经让极兔的基建从短板变成了长板，这也成为极兔未来在国内发展的关键。

2. 拓宽国际化业务边界

起家于东南亚的极兔一开始就是在新兴经济体开拓业务，一出生就拥有国际基因，这让极兔可以在自身发展的过程中深刻理解国际市场的需要。东南亚分散和多元化的语言、文化和商业环境，让极兔积累了深度的本土化运营经验，在极兔"总部垂直管理、区域高度自治"的商业模式下，这一可复制的商业打法在开拓新兴经济体市场方面优势尽显。

中国作为"世界工厂",国内大量的优质企业在海外大量需求的刺激之下已经形成了较强的出海能力,而在这样的大背景下,极兔作为一个具有现成国内外联动网络的快递平台,完全可以实现一手联通海外市场需求、一手服务国内制造业的体系,利用自身优势推动国内外市场的双网融合,成为国内制造业与国际市场有效沟通的桥梁,从而在业务发展的过程中进一步实现有效的市场布局。

3. 迎来盈利拐点,上市可期

极兔除了价格低,还没有展现出自己的盈利能力和无可替代的优势。极兔扩张迅速,几乎是靠烧钱换来的,价格战对"通达系"造成了惨烈的内耗,极兔也陷入亏损。

2021 年中国快递行业主要企业营收情况如表 6-4 所示。

表 6-4 　　　　　　2021 年中国快递行业主要企业营收情况

快递公司	营收（亿元）	同比变动（%）	业务量（亿件）	同比变动（%）	2022 年 Q1 市值（亿元）	市占率（%）
顺丰	2072.0	+34.5	105.5	+29.7	3108	9.70
中通	304.0	+20.6	223.0	+31.1	1541	20.60
韵达	115.5	+38.7	184.0	+29.8	569	17.00
圆通	451.6	+29.4	165.4	+30.8	553	15.28
申通	252.5	+17.1	110.8	+25.6	135	10.20

数据来源:公司公告及官网。

收购百世后,两网顺利融合,极兔也逐渐明确了盈利拐点。2022 年上半年,极兔已经局部盈利。2022 年 6 月 15 日,极兔披露,5 月极兔全网日均票量已超过 4000 万。整个 5 月,极兔完成业务量已超 12.4 亿票,超过了申通(公告显示,当月该公司完成业务量 10.03 亿票),甚至已拉开一定距离。同期,韵达业务量为 14.85 亿票,圆通业务量为 15.54 亿票。

国内外资本对极兔持续看好,2021 年极兔在 8 个月之内融得超 40 亿美元的巨额资金,市值大涨。胡润《2021 全球独角兽榜》显示,极兔速递以 1300 亿元的估值排名全球第 16 位,在快递物流领域排名第二。此时的极兔,正在面临国内与国外市场的高速扩张,只有快速上市,才能成为其高速发展的基础。

二、智能驾驶的另一个范本——Momenta

Momenta 是一家成立于 2016 年的自动驾驶公司，专注于"打造自动驾驶大脑"，利用 AI 算法来提升驾驶的安全性与效率。Momenta 采用"量产自动驾驶（Mpilot)+完全无人驾驶（MSD）"的"两条腿"产品战略，目前已建立一系列智慧驾驶软件算法，并形成了不同级别的自动驾驶软件产品。

2021 年 11 月 4 日，Momenta 宣布完成 C+轮超过 5 亿美元融资。Momenta 的 C 轮系列融资总额超过 10 亿美元，系 2021 年以来中国自动驾驶领域最大规模的融资。C 轮系列融资战略投资方有上汽集团、通用汽车、丰田汽车等，标志着 Momenta 与传统车企合作、技术落地进入新阶段。

（一）公司概况

对于自动驾驶领域数据采集难、成本高的问题，Momenta 的创始人曹旭东利用现成车辆装载数据采集系统实现数据采集，避免新建数据采集车辆，可以大幅降低成本。

Momenta 初始核心研发团队由来自清华大学、美国麻省理工学院、微软亚洲研究院的科研人才组成。研发总监任少卿是适用于物体检测的高效框架 Faster RCNN 和图像识别算法 ResNet 的提出者，合伙人夏炎具有多年图像搜索、文字检测识别等领域的研发和管理经验。

由于曹旭东在自动驾驶算法领域的开创性见解以及团队过硬的履历和能力，Momenta 很快得到 500 万美元的天使轮融资。2017—2018 年，Momenta 先后完成了 A 轮和 B 轮融资，使得公司能够进一步强化人工智能核心能力。在 2018 年，Momenta 的估值超过 10 亿美元。2021 年，Momenta 更是完成了超过 10 亿美元的 C 轮系列融资（见表 6-5），并正式宣布为享道 Robotaxi 提供 L4 级自动驾驶解决方案。

表6-5   Momenta 融资历程

披露日期	轮次	金额（美元）	投资机构
2016-11-14	天使	500万	蓝湖资本、创新工场、真格基金
2017-01-01	A	1000万	顺为资本
2017-07-25	Pre-B	4600万	蔚来资本、顺为资本、戴姆勒集团等
2017-10-16	B	未透露	GGV纪源资本、凯辉基金
2018-10-17	B+	2亿	腾讯投资、招商局创投、国鑫投资等
2021-03-19	C	5亿	丰田汽车、博世创投、上汽集团等
2021-11-04	C+	5亿	上汽集团、通用汽车、丰田汽车、博世创投等

资料来源：零壹智库。

（二）打通自动驾驶算法研发链条

环境感知与高精度地图是自动驾驶算法链条上的关键环节。环境感知给自动驾驶系统提供源源不断的外界信息；高精度地图可以准确全面地表征道路特征，并整合记录驾驶行为的具体细节，为智能驾驶的感知、定位、规划、决策等技术的量产落地和性能保障提供强有力的支撑。

Momenta 基于自研的底层大数据模型平台，完成了环境感知系统的开发，实现了高精度地图的构建，为 Momenta 自动驾驶软件产品的形成奠定了算法基础。Momenta 采取数据众包的方式采集数据，降低成本，实现数据采集的规模化落地应用，从而进一步打通自动驾驶算法链条。

1. 创新前视感知系统

Momenta 的前视感知产品具有高精度和低成本的特性。通过在同一个芯片和单目摄像头上使用低成本的可量产 GPS 和 IMU，Momenta 实现了 10cm 级别的高精度定位以及高精度地图的建图更新。

Momenta 基于深度学习的前视感知算法，能够在各种恶劣场景下实现高精度检测及识别功能，如精确识别各种类型和颜色的车道线，识别曲率半径可达50米。该算法不仅可以识别各种朝向及类型的车辆（包括中国特色异形车），对于部分遮挡、前方极度靠近或突然出现的车辆也具有良好的识别能力。

2. 直面高精地图难题

对于原始设备制造商（OEM）来说，高精度地图的落地应用普遍面临三大问题：一是费用昂贵，采集硬件系统造价高达数百万美元，难以实现规模化部署；二是风险大，对精确度和更新频率都有极高的要求，因为任何错误都有可能引发致命事故；三是应用推进缓慢，发展处于早期阶段，尚未形成规模化需求。

Momenta 团队用以视觉为主的方案解决成本问题，通过在普通车辆上装载的摄像头系统采集数据，将二维视频数据转换为三维数据，构建路段地图。摄像头的成本低廉，能够支持规模化和众包部署；视觉众包的方式也实现了从发现信息变化到质量验证测试的完整流程，能够快速、大规模地实现高精度地图的更新，由此保障高精度地图的安全性。

Momenta 自研多个不同级别的自动驾驶解决方案，打通"感知—高精度地图—决策—规划—控制"的完整链条，准确定义了不同智驾场景对高精度地图的需求，并且通过高速公路自动上下匝道、最后一公里自主泊车、城市道路无人驾驶等真实应用验证了这些需求。

3. 优化智驾数据采集

行驶过程中收集的路上环境与驾驶行为数据是训练自动驾驶算法迭代更新的"燃料"，自动驾驶安全性的提升依赖于大量的路段行驶测试。Momenta 以众包的方式应对大量收集数据的需求，通过寻求数据方面的合作，Momenta 在已有的运营车辆上安装数据采集设备，收集路上的环境数据、司机的驾驶行为数据。与自己造车相比，这种做法不仅大幅降低了成本，而且不会涉及敏感的隐私问题。

2017 年，Momenta 与东赢恒康投资控股集团达成合作，在重庆进行试点，利用东赢的车辆和驾驶员资源与 Momenta 的技术，探索自动驾驶技术在山地城市的复杂交通环境下的实现可能。合作初期在 20 台车辆上安装行驶信息采集设备，获取交通环境数据以及司机行为数据，后续数据采集车辆的数量进一步增加。

（三）"飞轮式"数据驱动与"两条腿"发展战略

过去几年，Momenta 一直坚持"一个飞轮，两条腿"的产品战略，所谓

"两条腿"是指量产自动驾驶（Mpilot）与完全无人驾驶（MSD）。"左腿"Mpilot量产自动驾驶产品，输出数据流，"右腿"MSD打造L4级别的完全无人驾驶技术，并反馈给量产产品技术流。"两条腿"同时走路，协同增效。

通过数据驱动的"飞轮"，实现技术的迭代和高效自动化商业闭环。"飞轮"越转越快，赋能L4级完全无人驾驶技术的最终落地，最终实现商业上的快速增长。

1. "飞轮"带动算法成长

在传统的人力驱动算法中，需要人工设计对应的规则或参数来应对各类驾驶情形，对所采集数据进行标注，这难以应对自动驾驶万公里级别的数据量和复杂多变的驾驶场景。

Momenta创新的数据驱动实现了对数据的自动标注和处理，将算法预测结果与真实行驶轨迹进行比对，标注两者不同之处，利用这些标注点训练算法更好地做出行驶决策，由此解决算法在罕见驾驶场景失灵的问题。在遇到罕见驾驶场景时，算法能够自动更新迭代，快速做出调整，大幅提升了自动驾驶算法的学习效率和更新速度。

在数据驱动的启发下，Momenta提出算法迭代"闭环自动化"，以"飞轮式"的技术构架建立对问题自动化发现、记录、标注、训练、验证的处理过程。"飞轮"即通过数据驱动的算法自动化处理量产数据、反馈促进算法的优化之后，开始下一轮的数据输入，周而复始，形成闭环高效的数据处理。闭环过程具体包括车端数据采集存储、云端数据对比、数据标注处理、模型训练测试验证等步骤。

2. "两条腿"推动智驾落地

Momenta先后推出了辅助驾驶解决方案Mpilot和L4级完全无人驾驶技术MSD。Mpilot实现了高速公路、自动驾驶、城市道路等场景的高度自动驾驶覆盖，目前已经量产落地。2019年年底，Momenta发布MSD，目标是实现城市场景下的完全无人驾驶。Momenta发布了Mpilot与MSD的真实场景测试记录，演示产品功能，展现在实际情境下的智能驾驶表现。

Mpilot与MSD构成了Momenta量产自动驾驶与完全无人驾驶"两条腿"的战略雏形。统一量产传感器方案使数据能够在Mpilot与MSD之间共享，能够为两者的技术迭代共同使用。Mpilot 作为辅助自动驾驶系统，能够产生一流可量产的自动驾驶系列产品，并提供源源不断的数据流；MSD 作为完全无人驾驶方案，拉动数据驱动算法的研发，反馈给量产产品优化的技术流。量产自动驾驶方案与完全无人驾驶方案相辅相成，助力 Momenta 实现无人驾驶的目标。

3. 布局 Robotaxi 生态，落地 L4 无人驾驶技术

近几年，随着政策、技术以及市场条件的改善，Robotaxi 商业化已逐步实现。自动驾驶公司联手车企、出行平台构建的三方协力模式，也在加速推动 Robotaxi 落地。2021 年 3 月开始，Momenta 获得上汽集团的多轮投资，双方携手布局 Robotaxi 产业生态；2021 年 12 月，上汽集团旗下享道 Robotaxi 正式启动运营，它应用了 Momenta 的"飞轮式 L4"技术；2022 年 8 月，Momenta 更是携手上汽集团参投享道出行的 B 轮融资。

（四）资本助力自动驾驶"攻坚战"

1. 自动驾驶迎来投资热潮

2015—2018 年是自动驾驶领域发展较为迅猛的时期，与之呼应的是该领域较为密集的投资。在热潮之后，2021 年对自动驾驶领域的投资再次迎来高涨的热情。

《全国自动驾驶企业融资地图（2021）》报告显示，2021 年创投机构在自动驾驶领域的投资达 94 笔（见图 6-2）。投资对象既有赢彻科技、文远知行、小马智行、Momenta 等头部企业，也有 C 轮融资前的成长期初创企业，如轻舟智航等。而零壹智库的统计显示，仅在 2022 年上半年，自动驾驶领域的投资就达到 94 笔。

2. 借力传统车企，促进技术落地

在本轮投资热潮中，传统车企的身影惹人注目。与造车新势力的激进推崇、科技企业的轻装上阵相比，传统车企更加注重安全稳妥，在自动驾驶技术落地与商业模式方面的步伐略显缓慢。

2021 年以来，传统车企投资、并购自动驾驶初创企业的步伐明显加快，重视落地应用的趋势愈发明显。通用汽车在 2021 年以 50 亿美元注资美国自

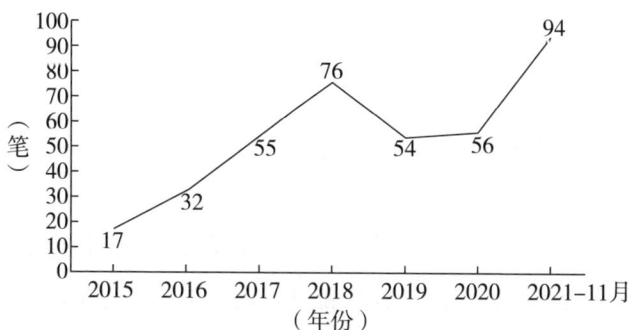

图 6-2　自动驾驶 2015—2021 年 11 月投资事件数

数据来源：《全国自动驾驶企业融资地图（2021）》，零壹智库。

动驾驶企业 Cruise Automation 之后又首次投资了 Momenta。2021 年，丰田汽车除投资 Momenta，还收购了美国网约车公司 Lyft 的自动驾驶部门 Level 5，以及汽车操作系统开发商 Renovo Motors。

Momenta 与传统车企的合作始于 2017 年，当时梅赛德斯-奔驰的母公司戴姆勒集团参与了 B 轮融资。2021 年，Momenta 与上汽集团、通用汽车、丰田汽车等达成战略合作。上汽集团的高端智能纯电动汽车品牌智己汽车将搭载 Momenta 智能驾驶技术方案，采用针对中国复杂交通状况的"Door to Door Pilot"功能。Momenta 还将与上汽共同开发全栈智能驾驶算法。

2021 年年底，Momenta 与比亚迪成立智能驾驶合资公司迪派智行，二者开始携手共研物联网、人工智能公共数据平台、智能控制系统等技术。2021 年 12 月，为了 L4 级完全无人驾驶技术的落地，Momenta 投资了享道出行，与其一起建设可规模化的 Robotaxi。

（五）结语

自动驾驶将在未来 10 年内给汽车行业带来颠覆性的改变，但这项技术在感知、地图、决策等方面还有很长的路要走，同时面临技术落地、安全测试等问题，这也是自动驾驶车企争相攻克的阵地。

在众多竞争者中，Momenta 凭借独特的技术洞察和发展模式崭露头角。从自研感知、高精度地图和开发自动驾驶算法，到提出数据驱动的创新算法模式，再到与传统车企合作促进技术落地，Momenta 已经蓄势待发，它的每一步都在向改变驾驶的未来迈进。

三、AI 药物研发先行者——晶泰科技

在药物研发需求持续增长的大背景下，新药研发却存在诸多困难。根据弗若斯特沙利文的统计，一款新药从靶点发现到上市销售平均历时 10~15 年，耗资约 26 亿美元，成功率不到 10%。

与传统药物研发相比，AI 研发可以缩短新药研发周期、节省成本、提高收益。同时，AI 利用深度学习等技术对药物分子结构进行分析与处理，能够在研发的不同环节建立准确率较高的预测系统，从而减少各个研发环节的不确定性，进而缩短研发周期，提高研发成功率。晶泰科技就是这样一家将 AI 技术应用于药物发现和药物固态研发等环节的独角兽企业。

晶泰科技核心技术平台为 ID4（Intelligent Digital Drug Discovery and Development），主要技术服务包括药物发现和药物固态研发。2021 年 8 月，晶泰科技获得近 4 亿美元 D 轮融资，打破其在 2020 年创造的 3.188 亿美元的全球 AI 药物研发领域融资额最高纪录，投后估值超过 130 亿元。

（一）累计融资约 8 亿美元，跻身行业独角兽

AI 制药实质就是通过机器学习数据、挖掘数据、总结和归纳规律实现研发环节的优化。晶泰科技创始团队技术背景丰富，创始人温书豪、马健和赖力鹏皆具有算法领域的学习和工作经验，这让晶泰科技从创始之初就拥有了扎实的技术基础。

2015 年 12 月，晶泰科技在成立 3 个月后就获得人人网和腾讯投资的 A 轮融资，这笔来之不易的资金帮助晶泰科技建立了自己的晶体预测模型。2016 年，晶泰科技用这款模型参与辉瑞盲测，以 100% 准确率从全球多家机构中脱颖而出，顺利将辉瑞变为自己的"标杆客户"，行业声誉显著提升。

在临床候选药物的化合物结构确定后，研究人员就需要确定药物晶型，而晶泰科技的切入点正是处在临床前研究环节的晶型预测。2017 年年初，晶

泰科技正式成为辉瑞药物晶型预测等服务的供应商。

2018 年 1 月，晶泰科技完成 1500 万美元 B 轮融资，得到红杉资本以及谷歌、腾讯两大互联网巨头的支持，公司将业务向药物研发上下游扩展。同年 10 月，公司在 B+轮融资后加速业务扩展与智能药物研发平台建设。

2020 年，晶泰科技创造了 3.188 亿美元的全球 AI 药物研发领域融资额最高纪录，估值或超 10 亿美元，跻身行业独角兽。2021 年 8 月，公司获得近 4 亿美元 D 轮融资，投后估值超过 130 亿元，投资方包括美国知名基金 Artisan Partners。至此，晶泰科技累计获得约 8 亿美元融资，且两度打破全球 AI 药物研发领域融资额最高纪录（见表 6-6）。

表6-6　　　　　　　　　　晶泰科技融资历程汇总

轮次	披露日期	金额	投资机构
D	2021-08	4 亿美元	奥博资本、厚朴投资、五源资本、中国生物制药、红杉基金、IMO Ventures、腾讯投资、和暄资本、Artisan Partners、Neumann Capital 等
C	2020-09	3.188 亿美元	中证投资、顺为资本、IMO Ventures、招银国际、五源资本、人保资本、韩国未来资产集团、中金资本、海松资本、软银集团等
B+	2018-10	4600 万美元	海纳亚洲、国寿大健康基金、雅亿资本
B	2018-01	1500 万美元	红杉基金、腾讯投资、Google Ventures
A+	2016-01	800 万美元	峰瑞资本、真格基金
A	2015-12	2400 万元	人人网、腾讯投资

资料来源：零壹智库。

（二）主要业务与核心技术优势突出

晶泰科技的主要业务集中在药物发现和药物固态研发领域。在药物发现业务中尤以小分子药物发现为优势，业务涵盖分子生成、成药性评估与优化、毒理代谢性质预测等关键步骤，而大分子药物发现业务正在积极拓展中。在药物固态研发方面，业务覆盖了从晶型筛选与评估、盐型筛选与评估、晶体结构确认、结晶工艺开发到晶型预测的全流程，为企业提供一站式药物固态研发服务，并已在流程后期阶段开发出独有的技术模式和研发平台（见表6-7）。

表6-7　　　　　　　　　晶泰科技主要业务及流程

主要业务		业务流程与技术应用
药物发现	小分子药物发现	聚焦于苗头化合物发现、先导化合物优化，涵盖分子生成、成药性评估与优化、毒理代谢性质预测、化学合成及生物学功能研究等关键步骤
	大分子药物发现	正在针对抗体可开发性问题研发抗体的可开发性预测 AI 模型
	一站式药物发现	为药企提供一站式药物发现服务，可涵盖从苗头化合物生成到一期临床前的临床申报研究
药物固态研发	晶型筛选与评估	晶型筛选服务采用多种结晶方法，如溶剂挥发、降温析晶等进行晶型筛选实验
	盐型筛选与评估	进行系统的筛选服务，对性质较理想的盐型，会进行实验级别的放大制备和系统表征
	晶体结构确认	开发了一套高度自动化的 MicroED 晶体结构解析平台，整合采用多样品装载、晶粒自动瞄准、衍射图样自动采集、实时监控等技术，可以在 2~3 天完成高精度的晶体结构测定
	结晶工艺开发	帮助客户建立开发科学、合理的结晶工艺，有针对性地改善提高结晶收率、优化原料药产品溶剂残留、粒度及粒度分布、堆密度等粉体特性，进而提升产品的总体质量
	晶型预测	CSP 服务可以锁定药物分子所存在的最稳定晶型，并给出晶型在有限温度下（0~400K）的热力学稳定性排位，整合了晶型搜索算法、XForce Field 小分子通用力场、量子动力学计算与晶体自由能计算等核心技术，实现对不同晶型热力学相对稳定性的高精度预测

晶泰科技在药物固态研发方面具有一套完整先进的开发系统，在晶体结构确认阶段开发了一套 MicroED 晶体结构解析平台，可以在 2~3 天完成高精度的晶体结构测定，远超行业平均水平；在晶型预测阶段综合应用自主研发的基于计算化学与人工智能方法的药物晶型预测（CSP）服务和 XForce Field

小分子通用力场等技术，实现对不同晶型的高精度预测。

晶泰科技利用在药物固态研发领域的技术深耕优势，纵向挖掘并形成在小分子药物发现和药物固态研发层面的技术壁垒，兼顾药物研发的信息安全，在稳固行业竞争"护城河"的同时加强针对大分子药物领域的研发。但是，业内已有专注于大分子药物智能研发的新秀，成为晶泰业务拓展的劲敌。

目前晶泰科技计划为企业提供一站式药物发现服务，而以深度智耀为代表的 AI 研发公司已经牢牢把握了临床研究阶段的业务优势，为客户提供完整的临床数据解决方案，对晶泰科技向产业链下游进一步扩展业务形成压力。晶泰科技专精于已有技术优势的夯实，并在此基础上寻求行业内合作，或将成为其未来发展的重点方向。

（三）创新合作方式，实现行业互补

晶泰科技已经与多家制药平台达成合作：2017 年与辉瑞达成定制化开发人工智能药物模拟平台的战略合作；2021 年与 Acerand Therapeutics 建立合作，利用精准物理模型对癌症相关靶点进行先导化合物优化和新骨架筛选。

此外，晶泰科技还在 2021 年与癌症靶向药研发公司希格生科达成了新的管线研发合作。在一个全新靶点上应用"AI 药物发现+疾病模型平台"研发模式，帮助希格生科拓展其癌症靶向药管线。由希格生科确定癌症新靶点，晶泰科技利用其 AI 药物发现平台生成一批候选分子，并对综合排名领先的分子在自有实验室进行合成，随后由希格生科对分子进行评估。

晶泰科技通过与生物医药行业中不同企业的定制化合作，进一步发挥其优势，实现强强联合的长期可持续发展。

（四）小结与展望

AI 药物研发处于人工智能与制药的交叉领域，行业发展受到二者相关政策的双重影响，当前国家对两大领域均持鼓励态度，如鼓励以临床价值为导向的药物创新、加强人工智能医用软件产品监管。晶泰科技从晶型预测切入，加之政策利好不断加码，行业赛道方向清晰、前景可观。

尽管晶泰科技在晶型预测领域具有先发及深耕优势，但在向全链路拓展时仍面临各环节先机已被抢占的困境，如何突破行业"马太效应"，实现全面综合发展将是其面临的一大难题。此外，AI 医药研发行业仍存在药物靶点数据量不足、数据私有化以及数据记录缺乏统一标准等问题，计算机、药学与生物学三大领域交叉复合人才匮乏也让行业发展举步维艰。目前尚未有 AI 研发产品成功上市，行业商业模式是否能够成形，有待市场进一步验证。

四、讲好"RPA+AI"新故事——弘玑 Cyclone

弘玑 Cyclone 成立于 2015 年 6 月，是一家 RPA（机器人流程自动化）软件与解决方案供应商。公司自主研发的融合 AI、NLP 等先进技术的 Cyclone RPA 超自动化解决方案能够为客户自动完成特定业务流程，实现跨行业、跨组织的数字化转型目标。

（一）公司概况

1. 发展历程

RPA 在国外发展已有近 20 年的历史，市场相对成熟，但在中国仍处于起步阶段，市场和融资规模远远小于美欧。2015 年，RPA 开始在国内发酵，2019 年在资本的簇拥下全面爆发。弘玑赶上了 RPA 发展的快车道，但初期较为低调，从入局到正式推出商用版本花了 3 年时间。2018 年第四季度，弘玑向市场推出了第一款 RPA 产品并收获了一批客户（见图 6-3）。

2019 年 6 月，弘玑完成 DCM 资本领投的 A 轮融资。2020 年 9 月，弘玑完成将近 4000 万美元的 B 轮融资。2021 年 11 月，弘矶完成 1.5 亿美元 C 轮融资（见表 6-8），创中国 RPA 行业单笔融资额最高纪录，并跻身独角兽阵营，公司员工也达到 600 人。目前弘玑已在国内外 24 个城市设有分公司和办事处，并在美国硅谷设立研发中心，商业化版图已拓展至大中华区、日本、东南亚等市场，全球员工达千余人。

图 6-3　弘玑发展历程

资料来源：零壹智库、弘玑官网。

表 6-8　　　　　　　　　　　　　　弘玑融资历程

公开日期	轮次	金额	投资机构
2021-11-15	C	1.5 亿美元	CMC 资本、高盛资产、众为资本、云晖资本、DCM 资本、经纬创投、源码资本、Lavender Hill Capital Partners
2020-09-23	B	近 4000 万美元	联想创投、经纬中国、DCM 资本、源码资本、仁智资本
2019-06-14	A	近 1000 万美元	DCM 资本、源码资本

数据来源：零壹智库。

2. 两度入围 Gartner 魔力象限

2021 年，Gartner《2021 年 RPA 魔力象限》报告通过市场趋势、市场发展、企业参与度、应用趋势等多个维度，对全球 18 家领先的 RPA 供应商进行了评估，弘玑入选，这是中国厂商首次入围魔力象限。2022 年 7 月，弘玑再次入选 Gartner 魔力象限，在 RPA 市场中的位置大幅跃升。

（二）专注创新，打造 RPA 3.0

2018 年以来，国内 RPA 行业投资事件数量逐年上升，2021 年达到了 18

件，是 2018 年的 6 倍。RPA 中国认为，到 2024 年，中国 RPA 市场规模将达到约 82 亿元，2021—2024 年年均复合增长率约为 50%，到 2027 年将突破 270 亿元。

RPA 市场潜力不断释放，新旧玩家不断涌入，竞争门槛不断提高，其中不乏科技巨头的身影。阿里云 RPA 历经 8 年内部验证，已完成对电商、新零售等新兴行业的渗透，用户数量超 50 万；华为云 AntRobot RPA 同样致力于构建企业级 RPA，运用超自动化架构参与竞争；百度云 RPA 主打"AI+RPA"，目前被应用于金融智能化、智慧政务等场景。

传统的软件企业在 RPA 领域也是当仁不让：国外软件巨头微软、SAP、Oralce 通过推出自有 RPA 产品、投资相关企业完成 RPA 行业布局，国内诸如用友、金蝶、浪潮等软件公司在 RPA 产品线中都有成熟的产品与应用。

新型 RPA 厂商中，竞争者同样来势汹汹：来也科技同为 RPA 行业中的独角兽企业，拥有庞大的合作伙伴生态系统，开发者社区注册用户超 60 万；占据金融行业最大市场份额的金智维，在产品矩阵和迭代速度上持续发力；全球 PRA 领域的领导者 UiPath 自 2018 年宣布进入中国市场以来，全面加速国内市场布局。

能跻身头部梯队，弘玑靠的是技术优势和广泛的产品应用场景。

1. 从 RPA 到超自动化

降本增效是企业管理的核心命题，RPA 正是解决这一问题的重要手段，而弘玑是国内率先面向 B 端提供 RPA 服务的企业。虽然国内 RPA 行业并不成熟，但已经从传统的纯工具迈向平台化阶段。

弘玑在完成数千万美元的融资之后，建立硅谷 AI 研发中心，年度研发投入超亿美元。公司不断强化 RPA 产品的非入侵式对接，其产品能够在不改造企业原有业务系统的情况下，进行全流程对接，实现对企业现有系统的零影响。其自主研发的融合 AI、NLP 等先进技术的 Cyclone RPA 解决方案，践行"端+平台"联动创新的产品发展战略，从需求发现到流程的设计、执行、管理，再到 CoE 的赋能，形成了跨组织、跨系统的业务自动化闭环。

弘玑在企业级 RPA 产品层面不断做宽做厚。与传统 RPA 仅是满足简单、重复操作的任务自动化相比，弘玑将 RPA 与 NLP、OCR、CV、机器学习等技术相结合，组建起以 RPA 为核心的超自动化平台（Hyperautomation，涵盖 RPA、低代码开发平台、流程挖掘、AI 等多种创新技术合集），赋予并提升 RPA 文档理解、对话分析、数据智能等能力。弘玑在超自动化行业不断突破，形成了业内较完整的产品布局，为全行业提供端到端的软件自动化平台、云原生平台及数字化转型解决方案，通过贯穿企业数字化升级的全生命周期，实现跨行业、跨组织的数字化转型目标。图 6-4 展现了弘玑超自动化部署运行流程。

01 需求发现
·超级自动化全生命周期管理
·基于任务挖掘和流程挖掘智能发现需求
·一键生成流程需求文档和机器人脚本
·智能分析流程持续提升ROI

02 设计开发
·简单易用，快速上手
·丰富的组件模板，开箱即用
·拖拉拽、低代码、混合的可组合模式
·桌面端、虚拟机、移动端、云端跨平台部署

03 管制控制
·全面管理、调度、监控数字员工和设备
·一站式创建、测试、发布、运行、监控AI技能
·基于数字员工、任务、流程的全景数据分析和业务洞察
·横跨业务人员、数字员工、业务系统的复杂业务编排

04 人机协作
·有效提升人机沟通效率
·基于自然语言沟通方式（文本或语音）
·无缝连接数字员工、业务流程和业务系统

图 6-4　弘玑超自动化部署运行流程

资料来源：弘玑官网。

2021 年 10 月，弘玑发布了一系列全新超自动化产品组合，包括企业级 RPA、AI 技能平台、数字助手（CIRI）等，覆盖了超自动化从需求发现、设计开发、管理控制、人机协作到持续交互的全生命周期的各个阶段。

由基础 RPA 阶段到"RPA+AI"，再到 RPA 3.0 阶段的超自动化，弘玑沿着这样的进化路径深耕技术，帮助企业构建更稳定、高效的自动化流程。2019 年以来，公司平均年增长率超过 400%。

2. "技术+客户"双轮驱动，"标准化+个性化"协同发展

RPA 的创造并没有特定的功能属性，而是聚焦于企业业务层面的具体问题。RPA 也没有行业属性，其底层逻辑具备普适性，各行各业都可以使用 RPA 参与企业的数字化转型。因此，产品的标准化是打造 RPA 服务的重要指标。

与一些企业照搬海外技术不同的是，弘玑基于标准化场景为客户提供端到端的解决方案，包括 AI/ML 能力、低代码构建能力、物联网（IoT）自动化能力以及边缘（edge）自动化能力。

弘玑在 AI 领域的投入和产出均表现优异，尤其 CIRI 和 AI 技能平台让人惊艳，不仅为物联网和边缘计算提供了强大平台支撑，还能支持标准业务模型和 BPMN（业务流程建模标注）的编排。CIRI 将 AI 和 RPA 集成一体，用户可以基于移动端或桌面端随时参与自动化流程。

针对客户的个性化需求，弘玑将产品高度标准化，基于标准场景和客户需求提供不同的产品组合。同时，对于无法套用标准化产品的行业，公司则从解决方案入手，使用"线上+线下"结合的方式，实现场景落地。例如，在工厂环境中，针对安全生产需要监控的节点，弘玑开发了具有针对性的标准化产品，将过去无法全链条传输的实时触发的安全风险及时进行全链条预警，实现自动化的安全生产处理联动。

截至 2021 年 12 月，弘玑企业级 RPA 产品组合已累计为国内近千家客户提供产品与解决方案，覆盖能源、政府、金融、医疗等多个行业，涉及人力资源、财务、客服、仓储等多个场景（见图 6-5）。

财务	能源	金融	地产	跨境电商
银行	人力资源	制造	物业	仓储
政府	供应链	保险	零售	公安
电商	客服	证券	新消费	司法
医疗	电网	电信	IT 运维	物流

图 6-5　弘玑行业解决方案覆盖领域

资料来源：弘玑官网。

3. 出圈亚太，布局全球

弘玑超过 80% 的客户集中在亚太地区，在亚太地区拥有相当可观的市场份额，基于强大的产品能力为亚太客户提供了深入、本地化、专家级的解决方案。

2021 年设立新加坡分公司以来，弘玑在以新加坡为核心，积极拓展东南亚市场的同时辐射日本、中东、澳大利亚和新西兰地区。2022 年，弘玑增设伦敦办公室作为海外战略总部，进一步加强亚太、欧洲、中东和美洲的业务拓展，全面加速全球化战略布局。

（三）弘玑的机遇和挑战

1. 渗透率低，潜力巨大

尽管 RPA 产品和服务在各行业中都具备普适性，但由于国内企业数字化转型起步较晚，RPA 需求量相对较少，当前应用的主要场景仍然集中在金融、制造业，主力市场趋向饱和，其他行业渗透率较低。根据《2020 中国 RPA 指数测评报告》，RPA 产品应用在政府、电子商务、零售等领域落地率较低（见图 6-6），剩余市场空间较多。

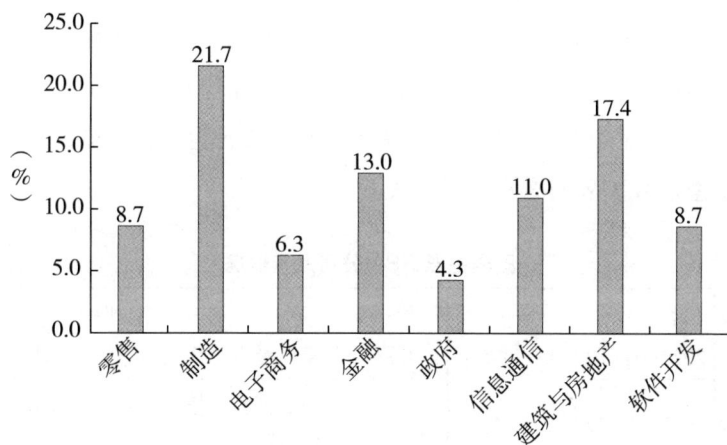

图 6-6 中国 RPA 软件行业落地指数

数据来源：T 研究、零壹智库。

在政策鼓励等背景下，企业以降本增效和数字化转型为目标，对业务流程优化的需求将大量释放。短期来看，弘玑在获客渠道上具备优势，其核心团队长期从事政府、银行等 IT 咨询业务相关工作，有大量大客户服务的经验和合作伙伴资源。公司有稳定可靠的产品方案，具备较多大型企业的标杆案例，在新市场的开拓中也有一定的话语权。

2. 劲敌环伺，强势突围

弘玑两次入选 Gartner 魔力象限并获得中国厂商在魔力象限的最佳位置，但来也科技实力同样强劲，在魔力象限中的位置紧随其后。来也科技背靠常春藤盟校博士团队，技术研发本就占优势，2019 年合并奥森科技接手 UiBot 平台后，又进一步强化了 "RPA+AI" 技术。此外，公开数据显示，来也科技的合作伙伴网络已基本覆盖了国内的一、二线重点城市，在开发者社区的注册用户已超过 60 万。

老对手金智维也在产品矩阵和迭代速度上持续发力。2021 年 7 月完成逾 2 亿元融资的金智维再度发布新品，进一步拓展了 RPA 产品矩阵。其企业级 RPA 也更新了功能技术特性，不仅支持 IPv6 和端口分离，还提供了 SSL 通信加密和 WebSocket 服务。本就占据了金融行业最大市场份额的金智维，也开始从产品数量和质量上逐渐拉近与弘玑的距离。

此外，同样值得关注的竞争对手还有云扩科技。这家老牌企业推出的云扩 RPA 网页版编辑器和配套的 Linux 机器人，已经让其全套的 RPA 开发工具与平台服务实现了 100%云化，云端弹性伸缩和拓展能力进一步提升。

国内主要 RPA 公司融资情况如表 6-9 所示。

表 6-9　　　　　　　　　　国内主要 RPA 公司融资情况

公司名称	公开日期	金额	轮次	投资机构
来也科技	2022-04-19	7000 万美元	C++	厚朴投资、优山资本、鼎珮投资集团
达观数据	2022-03-09	5.8 亿元	C	中信证券、招商证券、广发证券、中信建投资本
弘玑	2021-11-15	1.5 亿美元	C	CMC 资本、高盛资产、众为资本、云晖资本等
金智维	2021-07-16	超 2 亿元	B	高瓴创投、琥珀资本、启明创投
艺赛旗	2021-05-08	超 1 亿元	战略投资	金蝶国际
云扩科技	2021-03-31	未披露	B+	Flaming Captial

资料来源：零壹智库。

弘玑习惯将机器人应用编辑器进行私有化，项目制部署安装，其技术虽然相对成熟，但是受到本地管理的局限，在移动化和跨平台的全流程管理中的稳定度和可应用深度均不及云扩科技的云化 RPA，部署成本也相对较高。

（四）小结

获得国际权威机构 Gartner 和 Forrester Wave 认可的弘玑，在技术、产品、市场等维度已然走在行业前列。然而，与国外市场成熟的 RPA 厂商如微软、SAP 相比，这家初创公司仍需要努力修炼内功。

截至 2022 年 7 月，我国 RPA 厂商已超过 55 家，许多本土企业的 RPA 需求尚待开发，市场仍处于较为早期的培育阶段。同时，RPA 与 AI 技术的融合也需要进一步开发，AI 的成长也需要大量数据的"喂养"。能否持续地推出更具独特性和创造性的产品，通过快速抢占市场打造行业"护城河"，是弘玑在 RPA 赛道能否保持领先的关键。

五、正向 B 端扩土的语音识别新星——出门问问

随着物联网（IoT）和人工智能物联网（AIoT）的发展，智能语音识别技术逐渐成为人机交互的重要入口之一。灼识咨询的数据显示，预计至 2024 年我国人工智能语音识别市场规模将达到 787 亿元，复合年增长率为 39.7%。

在中国智能语音识别的市场上，科大讯飞是绝对的龙头，而出门问问、思必驰和云知声等初创公司则在第二梯队。出门问问是一家由 Google 投资的中国人工智能公司，拥有自主研发的语音识别、语义分析、垂直搜索、基于视觉的 ADAS（高级驾驶辅助系统）和机器人 SLAM（即时定位与地图构建）等核心技术。

（一）打破垄断，拥抱开源生态

出门问问具有优秀的语音识别技术，公司拥有在语音交互、NLP（自然语言处理）领域的世界级专家。2021 年 2 月，出门问问联合西北工业大学推出了全球首个面向产品和工业界的端到端语音识别工具 WeNet。2021 年 6 月，WeNet 推出全新 1.0.0 版本，支持更多的数据集，解决了目前主流开源工具的痛点，且各项性能指标优异。

WeNet 使用业内前沿的深度学习模型结构 U2++，支持语言模型、endpoint、n-best、时间戳、提供数据量最大的中文和英文预训练模型等，在 Aishell-1、Aishell-2 和 GigaSpeech 上准确率达到 SOTA；推理方案支持 Android 平台和 X86 平台，支持基于 gRPC 和 WebSocket 的服务端推理和端侧推理，并正在向支持更多语言、探索更前沿的模型等方向发展。[1]

对于行业而言，WeNet 最大的意义在于打破了我国开源语音框架长时期对国外的依赖，同时降低了智能语音识别的门槛。我国产业界对开源语音框架的依赖性较高，在过去较长的一段时间里，我国语音识别领域所使用的开源框架和工具均来自国外的企业或高校。出门问问希望通过降低技术门槛，越来越多的人和公司能够接触、从事、开发和应用语音识别技术，从而更快更好地实现赋能和产品化。如今，已有数百家公司采用 WeNet 进行语音识别产品研发，或借助 WeNet 设计思想来构建自己的语音识别系统，其应用范围覆盖了智能车载、智能家居、直播、会议等大量语音识别应用场景。长远来看，语音识别行业的快速发展能带给全行业更大的成长空间，有利于实现行业内全面的、发展的、生态的共赢。

（二）To C：国内市场受阻，海外市场放量

出门问问纵然有着优秀的语音识别技术，并将其技术通过软硬结合的产品落地在"可穿戴、车载、家居"三大人机交互频次较高的生活场景中，可这些产品都有一个硬伤，即用户对这些产品没有刚需，产品不能直戳用户的痛点，因此在产品销售过程中也屡屡受阻。

从出门问问最强项的智能手表来看。2014 年 12 月，出门问问发布了全球首款中文智能手表操作系统 Ticwear。同年 9 月，苹果发布了其第一代 Apple Watch，掀起了全球智能手表的热潮。因此，当年也有外媒戏称，"一个中国博士在获得谷歌投资后反攻北美和 Apple Watch"。然而，时至今日，出门问问的智能手表仍未获得我国市场的认可，由旭日大数据提供的全球智能手表 25 强排行榜显示，出门问问排在第 20 名，远远落后于苹果、三星、小米、科

---

① 资料来源：《中国卓越技术团队访谈录》，2021 年第五季。

大讯飞、华为等企业。究其原因，一方面是手表功能不够刚需，同时手表存在着需要频繁充电等问题，另一方面是在市场上小爱同学、小度、天猫精灵、Siri 等多品牌竞争的环境下，出门问问的用户接纳程度无法赶上这几个品牌。

不过，到了 2021 年，受新冠疫情和国际关系等多重因素影响，一方面，部分国际巨头因供应链问题而出货困难；另一方面，华为和小米受困于美国贸易政策难以进入美国市场，出门问问的 Ticwatch 在海外市场的需求暴涨。这也和消费者的偏好有关，相较于我国的消费者，欧美市场的消费者更看重技术创新，而不完全是看品牌，这让出门问问在欧美市场有了更多的受众。

2021 年 9 月，出门问问创始人李志飞透露，公司智能手表的 To C 业务营收占比在 80% 以上，而 To B 的业务营收占比不到 20%，基本能实现营收平衡。

此外，出门问问也尝试过智能音箱、手环和耳机等产品，但无法在互联网巨头的低价策略包围下破圈，在产品成本和技术上也没有特殊的竞争优势，最终均石沉大海。近些年来，公司开始更多地将目光转向 B 端场景和小众垂直消费者。

（三）To B：开拓多种应用场景

在 C 端场景下，消费者往往对产品有一些普适性的要求，如产品要小巧、好看，要有先进的功能等，而在 B 端场景下正相反，以快递公司给员工配备的终端机为例，相较于外观，它们更在意产品的质量、续航等参数，这是出门问问正在尝试转型的新方向。过去几年，出门问问逐渐在车载语音服务、运营商、智能健康和金融反欺诈等方面发力。

2017 年，出门问问宣布与大众汽车达成深度合作，共同成立合资企业大众问问（北京）信息科技有限公司，双方各持股 50%，出门问问也由此开始了在车载领域的深耕。在具体分工上，出门问问主要负责技术研发，大众汽车负责品牌、销售、营销等。

在双方合作下，2019 年年底，大众问问已经打造出了一套车载语音及智能网联解决方案，集成云端服务、软件、硬件等多个平台。目前，该解决方案量产规模已达百万级别，在大众车体系的渗透率超过 20%，其中包括奥迪A4L、探岳 X、ID. 系列等 20 多款主力车型。

尽管如此，在车载语音前装市场上，科大讯飞仍占据着龙头地位，其旗下的产品解决方案已达到了千万级别的量产规模，在中国市场上占比约为70%。与大众汽车的合作虽然帮助出门问问解决了品牌和渠道的问题，但也限制了出门问问与其他汽车厂商的合作。大众问问在成立之时就宣布将会对所有车企的品牌合作保持开放态度，但时至今日，还未看到有其他车企选择与大众问问进行合作，更何况在这一领域还有科大讯飞和华为等强大对手。此外，车载语音系统开发周期较长，对大众汽车车型的定制化属性较高，难以提供通用全品牌全车型的标准化解决方案，这也阻碍了大众问问与其他车企的合作。

在健康养老、运营商服务等方面，出门问问也做了许多尝试。2019年，出门问问携手泰康健投共同推出出门问问智能交互屏 TicKasa Show 的 AI 健康养老解决方案，并配套了旗下全系 AI 软硬结合的智能硬件产品。该产品专门针对老龄人群定制，并在未来将整合健康管理、休闲娱乐、高清视频通话、养老社区等应用。

在台湾市场，出门问问为台湾远传电信提供语音技术支持，并共同推出了台湾本地版的智慧音响产品，第一次实现了在台湾智慧生活市场的布局，目前该产品在台湾细分市场上占有率第一。此外，公司还有 AI 智能反欺诈解决方案、AI 智能语音机器人、魔音工坊等产品，以上产品均为公司目前探索的方向，但除车载语音外均未实现规模效应。

（四）小结与展望

出门问问在智能音箱的国内 C 端战场虽然失利，但基于软硬结合的能力找到了一条独属于自己的发展之路。如公司与台湾远传电信的合作，为其提供高度定制化的智能音箱产品。与此同时，To B 业务在出门问问的营收占比也正快速增长。

或许，C 端用户还没有明显感受到新交互时代的脚步临近，因为太多的前沿领域都是从 B 端率先爆发，然后才慢慢向 C 端市场普及。有朝一日，用户才会突然发觉，原来人机交互早已无处不在。

六、3D 视觉第一股——奥比中光

3D 视觉感知技术正处在快速发展的车道，其应用还在拓宽，技术也正变得更加智能、人性化，并向着低成本、高性能、多功能的方向发展。法国战略咨询公司 Yole Développement 发布的研究报告预计，2019—2025 年全球 3D 成像和传感市场能够保持 20% 的年复合增长率，市场规模将由 2019 年的 50 亿美元上升至 2025 年的 150 亿美元。

经过数十年的发展，全球 3D 视觉感知技术已形成一条完整的产业链。经过几年沉淀，奥比中光现已有上游的传感器模组生产能力和包括算法、光学模组、深度引擎芯片等中下游的设计能力，且正在继续推进上游关键零部件的研发和生产。在全世界范围内，拥有这种上中下游全覆盖能力的企业也是屈指可数的，仅有苹果、微软、华为等知名国际巨头。2022 年 7 月，奥比中光正式在科创板挂牌上市，成为国内"3D 视觉第一股"。

（一）公司概况

奥比中光成立于 2013 年，是国内率先开展 3D 视觉感知芯片和技术研发并实现 3D 视觉传感器产业化的企业之一。公司一直坚持全自主知识产权研发，并致力于将先进的 AI 3D 传感技术赋能应用于 AIoT 多元领域。

2015 年，奥比中光成功开发出 3D 引擎芯片 MX400；同年 11 月，Astra 3D 传感器摄像头实现大量出货，可用于三维建模、骨架跟踪、手势识别等场景。奥比中光打破了苹果、微软、英特尔三家巨头的垄断，成为全球第四家、亚洲第一家量产全自主知识产权消费级 3D 传感器的厂商。

奥比中光的发展历程如图 6-7 所示。

2016 年，奥比中光取代知名厂商英特尔，成为惠普 Sprout Pro G2 一体机的供应商。此后，奥比中光与惠普合作，正式开展 3D 扫描一体机的研发。凭借强大的 3D 扫描功能，惠普 Sprout Pro G2 一经发布便获得市场一致好评。在此之后，奥比中光与惠普继续合作，研发了新一代的 Z 3D Camera。

2017 年，随着苹果推出搭载 3D 结构光技术的 iPhone X，奥比中光布局研

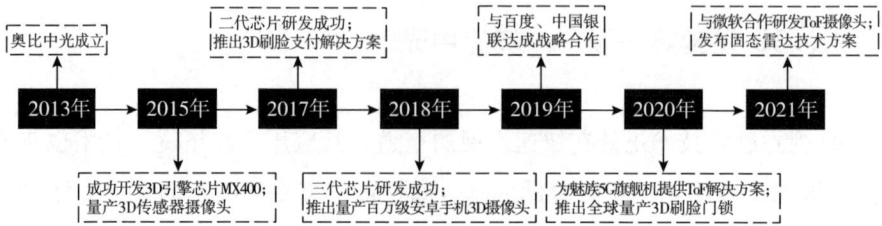

图 6-7　奥比中光的发展历程

资料来源：公司官网，零壹智库。

发了二代芯片，推出了 3D 刷脸支付解决方案。在金融支付领域，公司为支付宝提供了硬件支撑。

2018 年，奥比中光第三代深度引擎芯片 MX6300 研发成功，并助力支付宝完成 3D 刷脸支付的大规模商用。蚂蚁集团成为奥比中光最大的客户，同时，阿里巴巴也成为奥比中光的大客户之一。同年，公司为 OPPO 的 Find X 提供 3D 结构光技术，推出了量产百万级安卓手机 3D 摄像头，在与苹果公司合作之后与 OPPO 一起推出了国内第一款量产级 3D 结构光手机。

2020 年，公司研发了 iToF 感光芯片，并为魅族 5G 旗舰机提供 ToF 解决方案。联合头部锁企推出了全球量产 3D 刷脸门锁。奥比中光在拓宽 3D 视觉感知技术应用场景，在衣、食、住、行、医、娱、工七大领域布局应用生态体系。

2022 年 7 月，奥比中光在科创板挂牌上市，成为"3D 视觉第一股"。在此之前，公司获得 5 轮融资，蚂蚁集团领投了其 2018 年 5 月的超 2 亿美元 D 轮融资，并成为第二大股东。

（二）主要产品——消费和工业市场全覆盖

奥比中光致力于研发先进的 3D 视觉感知技术和产品，赋能智能化升级对视觉能力的需求，以芯片、算法等底层核心技术为基础，围绕具体应用场景将底层技术落地为高品质的硬件产品，并形成规模量产能力。目前，公司的主要产品包括 3D 视觉传感器、消费级应用设备和工业级应用设备。

3D 视觉传感器主要有 Astra 以及 Astra E、P、G 等系列产品，不同字母代表不同的技术路线。各系列产品在体积、性能、成本等方面具有显著差异，公司可以根据不同应用场景的需求提供最适合的传感器。3D 视觉传感器的销售收入是公司营收的主要来源，2021 年，公司 3D 视觉传感器销售收入为 3.53 亿元，占总营收的 76.65%。

消费级应用设备的具体产品包括 3D 刷脸支付设备、3D 体感一体机等。2021 年，公司消费级应用设备销售收入为 0.76 亿元，占总营收的 16.44%。

工业级应用设备的具体产品有三维光学扫描测量、三维全场应变测量和三维光学弯管测量等。2021 年，公司工业级应用设备销售收入为 0.20 亿元，占总营收的 4.41%（见表 6-10）。

表 6-10　　　　　　　　　　奥比中光主要产品收入结构

产品	2021 年度		2020 年度		2019 年度	
	金额（亿元）	占比（%）	金额（亿元）	占比（%）	金额（亿元）	占比（%）
3D 视觉传感器	3.53	76.65	1.80	71.28	5.17	86.84
消费级应用设备	0.76	16.44	0.43	17.20	0.58	9.75
工业级应用设备	0.20	4.41	0.24	9.42	0.14	2.33
其他	0.12	2.50	0.05	2.10	0.06	1.08

资料来源：招股说明书，零壹智库。

（三）持续高研发投入，构建全栈全领域能力

2019—2021 年，奥比中光的营收分别为 5.97 亿元、2.59 亿元、4.74 亿元，核心技术收入占营业收入比重分别为 98.73%、95.44%、94.82%，均超过九成。公司有着持续的高研发投入，3 年间研发费用占当期营收的比例分别是 62.1%、110.7%、81.73%。奥比中光在追求研发深度的同时，亦有广度，构建了"全栈式技术研发能力+全领域技术路线布局"的技术体系。

在深度方面，公司追求将每一个单一技术能力做到极致，独立自主进行核心底层技术研究。公司拥有系统设计、芯片设计、算法设计、光学系统设计、软件设计等一系列核心底层技术，产品基本涵盖了从设计到研发再到制造的全周期。

2021 年，公司的第四代深度引擎芯片 MX6600 已成功流片，具备量产能力，该芯片可以实时计算并输出每秒 30 帧 1920×1080 的深度图或每秒 60 帧 1280×960 的深度图，同时配置低功耗模式和芯片数据的安全加密传输等功能，是新一代支持"结构光+主动双目"的深度引擎芯片。

2021 年年底，公司 iToF 感光芯片已实现量产，随模组小批量出货。该芯片可以满足脉冲调制、连续波调制下单个周期内的多次光子采集需求，涵盖了 BSI 像素设计、三维堆栈工艺、抗干扰、高精度 ADC、高速度传输接口设计等细分技术。公司同时在研发其他几种技术路线的相关芯片，并将研发成果作为未来产品的技术储备。

此外，公司也已能够成熟应用包括深度引擎算法、消费级应用算法在内的多种底层算法，且成熟应用、持续优化包括整机光学系统技术和激光投影器件技术在内的多种光学设计方案，已有雄厚的软硬件深度研究基础。

在广度方面，公司已形成对 3D 视觉感知技术的全领域布局，致力于根据客户不同应用场景的需求协同发展，提供一站式产品服务。此外，六种不同技术路线的底层核心技术相互协同创新，通过对多技术领域以及不同层次技术的融会贯通，公司一方面开发了性能优异且质量可靠的 3D 视觉感知产品，另一方面不断实现产品的技术迭代和系统优化。

公司还设立了"研发中台+业务板块前台"的组织架构，通过实时收集业务板块的最新需求，获取最新的市场变向，挖掘客户所需的显性或隐性需求，并以此作为研发的目标，维持在市场中的竞争优势地位。

（四）产业链和量产上形成先发优势

奥比中光凭借出色的产品研发能力、百万级的产品量产保障及快速的服务响应能力，成为全球 3D 视觉传感器重要供应商之一，并在产业链方面形成了先发优势。

依托 Astra 系列 3D 传感摄像头，在消费领域，公司正积极推出智慧安防、智慧家庭、人体 3D 扫描、无人零售、自动驾驶等相关应用场景的产品。随着服务机器人、智能门锁、智能农牧等逐步进入商业成熟阶段，各细分场景的需求呈逐年增长趋势，应用于支付宝刷脸支付应用生态的客户销售占比呈下降趋势，2021 年上半年已下降至 37% 左右，客户集中度过高的问题已得到缓解。在工业领域，公司产品也可用于航天航空的风洞试验等的数据测量、机械制造中的质量检测以及物流领域中的运输和仓储的实时监测。

3D 视觉感知产业链如图 6-8 所示，其中虚框内为奥比中光布局的技术能力。

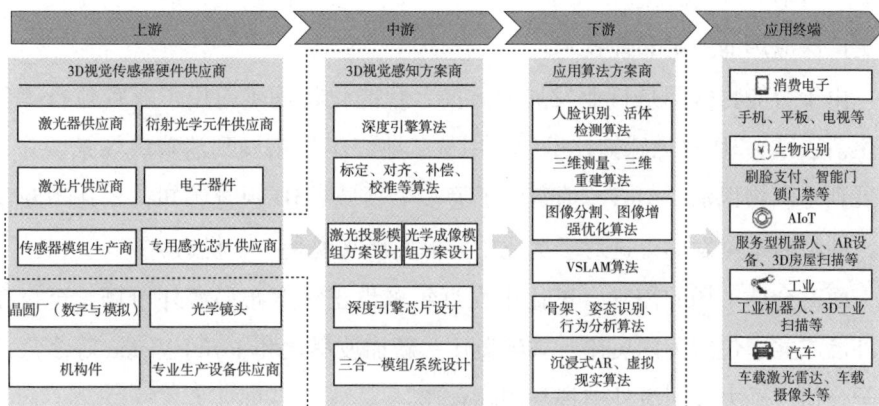

图 6-8　3D 视觉感知产业链

资料来源：公司招股说明书。

3D 视觉传感器属于新兴产品，核心器件激光发射模组包括电路板、激光发射器、透镜组以及衍射光学元件等元器件，其组装工艺相较于传统镜头组装工艺更为复杂。此外，3D 视觉传感器的三大组成部件——激光发射模组、IR 成像模组、RGB 模组在组装时对光轴的要求极其严格。因此，公司自成立起便注重量产能力的建设，"从 0 至 1"地先后研发了激光发射模组高精度组装与测试、主要部件三合一光轴、标定对齐等全链条的量产工艺核心设备及关键技术。2015 年，奥比中光成功实现了 3D 视觉传感器量产，2018 年成功突破百万级量产交付，成为全球少数实现 3D 视觉传感器百万级量产的公司之一。

公司量产技术的先进性还体现在生产效率和良品率上。公司通过自研工艺设备实现了自动化程度超过 80%，产品整体良品率达到 99%，在全球范围内属于先进水平。2020 年 7 月，公司的自建工厂也成功投产，为公司自主可控生产奠定了良好的基础。

（五）机遇和挑战

1. 机遇：3D 视觉感知即将迎来爆发期

随着 5G 技术的推广普及，人工智能和物联网较快的发展加速推动了视觉技术从 2D 成像向 3D 视觉感知跨越，催生越来越多的应用场景，推动行业的发展。目前，3D 视觉感知技术弥补了 2D 成像技术的缺陷，成为促使人工智能更广泛应用的关键共性技术。

由于智能物联网是行业发展的方向，智能化将逐步应用于衣食住行等各个生活领域，3D 视觉感知技术的应用从工业级场景拓展到消费级场景，并且拓展到了生物识别、AIoT、消费电子等多个领域。3D 视觉感知技术在不断渗透，即将迎来爆发期，这对于奥比中光的发展来说是一个机遇。

面对全球市场的需求，奥比中光近年来也正深度布局海外市场，至今在海外已成立了包括美国奥比、香港奥比、新加坡奥比和 Joyful Vision 等多家控股子公司，助力公司海外销售与国际合作。

2019—2021 年，公司境外销售收入分别为 3115 万元、3530 万元和 5725 万元，占同期主营业务收入的比重分别为 5.23%、13.99% 和 12.41%。2021 年 5 月，公司与微软达成业务合作，联合设计研发全新的 3D 视觉传感器，并接入微软的 Azure 云计算平台，为微软的已有客户提供该产品。

2. 挑战：规模体量较小，部分技术未量产

目前，奥比中光的主要竞争对手是三星、索尼、微软、英特尔、苹果、华为等享誉全球的科技巨头，它们通过收购创业型企业或内部孵化的方式进入 3D 视觉感知领域。这些巨头凭借其强大的产业链影响力，一方面可以快速向上游供应商发起需求，短周期内获得优先的深度定制响应；另一方面可以导入自主产品，快速在市场上推广使用。奥比中光作为一家创业型企业，规模和体量尚小，对上游供应商的影响力有限，获得的深度定制支持力度逊色于国际巨头。

公司虽已在六大技术路线上均有布局，且在部分技术路线上全球领先，但在其他技术路线上仍与同业竞争者有所差距。如索尼、三星已基于 iToF 和 dToF 技术应用量产了部分 AR 摄像头相关产品；Lidar 传感器是实现自动驾驶

的核心传感器之一，中国的禾赛科技和美国的 Velodyne Lidar 公司已经发布了一些产品并通过与车企合作实现了应用。而奥比中光仅实现了 iToF 技术产品的初步量产，dToF 和 Lidar 技术产品尚处于研究过程中。

（六）小结和展望

奥比中光打破了苹果、微软、英特尔三家美国公司多年的垄断地位，成为全球第四家具有深度计算级别芯片量产能力的厂商。

纵观当今的 3D 视觉感知技术市场，实质上仍未形成稳定的竞争格局，3D 视觉感知行业也仍处于发展的初期。长远来看，奥比中光进行高强度的研发投入及市场布局，导致了阶段性的亏损，随着市场的逐步成熟，3D 视觉感知技术的普及度进一步提升，奥比中光有望依靠其坚实的研发基础，在未来的行业竞争中脱颖而出。

七、国产大数据"远见者"——星环科技

星环科技成立于 2013 年，是一家企业级大数据基础软件开发商，主要从事大数据、数据库及相关基础软件的研发与销售，围绕数据的集成、存储、治理、建模、分析、挖掘和流通等全生命周期提供基础软件与服务。

（一）公司概况

1. 基本介绍

星环科技以 Hadoop 架构起步，重视产品的研发与创新，已逐步形成大数据与云基础平台、分布式关系型数据库、数据开发与智能分析工具的软件全系列产品。2016 年，星环科技成为中国首个进入 Gartner 数据仓库及数据管理解决方案魔力象限的厂商，且被评为"最具前瞻性的远见者"；2017 年被 IDC 评为"中国大数据市场领导者"；2018 年星环科技成为 12 年来全球首个完成 TPC-DS 测试并通过官方审计的数据库厂商；2020 年被 IDC 评为"中国大数据管理平台领导者"。

截至 2021 年 12 月，星环科技已积累了 31 项核心技术，主要体现在分布

式技术、SQL 编译技术、数据库技术、多模型数据的统一处理技术、基于容器的数据云技术以及大数据开发与智能分析技术六个方面，公司的产品也已在 20 多个行业实现落地。

在自主研发创新的同时，星环科技参加并通过了工信部自主代码扫描测试，完全符合信创验收标准，多个产品进入了国家软硬件技术图谱等。星环科技还作为信创工委会 WG24 大数据工作组的小组组长及副组长单位，牵头制定信创大数据行业标准及规范，并深度参与产品图谱编制、产业白皮书编撰、案例集编撰等工作，积极参与国家信创工作。

经过 10 年发展，星环科技以上海为总部，以北京、南京、广州、新加坡为区域总部，在郑州、成都、重庆、济南、深圳、西安等地设立多个子公司，并在加拿大、美国等设有海外分支机构。星环科技于 2020 年 12 月完成 E 轮融资，2022 年 10 月在科创板 IPO 上市。

2. 多元化客户分布

截至招股说明书签署日，星环科技已累计有超过 1000 家终端用户，代表客户有财政部、上海期货交易所、中国银行、中国石油、国家电网、北京地铁、中国东方航空、北京大学、复旦大学、微医集团、西门子、北京电视台等，分布在金融、能源、交通、政府、教育、医疗等 20 多个行业，拥有广泛的客户基础。

其中，金融行业用户对于数据库产品要求严格，容错率低，是数据库产品国产替代的高地。而星环科技在金融领域已经取得一定的市场份额，公司官网和招股说明书显示，星环科技拥有 200 多家金融客户，由监管机构和交易所、银行、证券公司、基金公司和保险公司组成，2021 年金融客户带来的收入占营业收入总额的 42.58%。信创行业重点领域的客户如能源、政府、交通、电信也为公司贡献 78% 的客户比例。

3. 历经多轮融资，公司股权结构较为分散

2014 年 4 月，星环科技获得第一笔 100 万元的天使轮投资。在此之后，至 2020 年 11 月，星环科技先后进行了 8 轮融资，累计融资金额超过 10 亿元，投资方包括启明创投、腾讯投资、中金资本等一级市场明星投资机构，也包括恒生电子、信雅达等产业公司（见表 6-11）。

表 6-11　　　　　　　　　　星环科技各轮融资投资方与规模

轮次	投资机构	披露时间	金额
大使	未披露	2014-04-29	100 万元
A	方广资本、恒生电子、信雅达	2014-08-04	数千万元
A+	信雅达、启明创投、恒生电子、方广资本	2015-01-09	数千万元
B	深创投、国中资本、基石资本、启明创投、方广资本、恒生电子、瑞力投资	2016-03-01	1.55 亿元
C	腾讯投资、勤智资本、基石资本、汇隆中宸	2017-05-04	2.35 亿元
D	中金公司、TCL 创投、深创投	2019-02-01	数亿元
D+	金石投资、中金资本、国家军民融合产业投资基金、渤海产业投资基金	2019-10-24	5 亿元
战略融资	任君资本、交银国际、一创投资、朗玛峰创投	2020-05-15	未披露
战略融资	新鼎资本、中金资本、晶凯艺赢股权投资合伙企业（有限合伙）	2020-11-26	未披露

数据来源：零壹智库。

随着不断融资，星环科技的股权也逐渐分散。招股说明书显示，星环科技是由孙元浩、云友投资、范晶共同设立的有限责任公司，其中孙元浩持股35%，云友投资持股35%，范晶持股30%。但截至 2023 年 3 月 31 日，孙元浩直接持有 9.24% 的股份，是星环科技的第一大股东；林芝利创、赞星投资中心、产业投资基金、范磊位居前五，分别持股 8.77%、6.24%、5.59%、5.02%，上市公司恒生电子和信雅达分别直接持股 2.93%、1.16%。

（二）产品与业务

星环科技作为企业级大数据基础软件开发商，专注于分布式技术、数据库技术、SQL 编译技术、数据云技术等基础软件领域的研发，经过多年努力，已形成大数据与云基础平台、分布式关系型数据库、数据开发与智能分析工具的软件产品矩阵。

当前星环科技的主要业务可分为大数据基础软件业务和应用与解决方案两大类（见表 6-12），除此之外，公司还会根据客户及项目需求销售少量第三方软件、硬件等。

表 6-12　　　　　　　　　　星环科技主要产品及服务体系

大数据基础软件业务	星环大数据基础平台（TDH）、星环数据云产品（TDC）
	星环分布式分析型数据库软件（ArgoDB）、分布式交易型数据库软件（KunDB）
	星环智能分析工具软件（TDS）和星环数据开发工具软件（Sophon）
应用与解决方案	业务应用解决方案：金融风控、量化研投、科研与教学平台解决方案
	数据应用解决方案：数据平台、数据治理、业务分析与智能解决方案

数据来源：公司招股说明书，零壹智库。

1. 大数据基础软件业务

公司基础软件产品包括三类，分别为大数据与云基础平台软件（TDH 和 TDC）、分布式数据库（ArgoDB 和 KunDB）、数据开发与智能分析工具（TDS 和 Sophon）。基础软件产品主要以软件产品授权的方式交付，也可以以软硬一体产品的形式交付，并根据项目需求配套提供相关的技术服务。

大数据基础平台（TDH）是企业自主研发的一站式数据基础平台，包括多个大数据存储与分析产品，可以处理包括关系表、文本、时空地理、图数据、文档、时序、图像等在内的多种数据格式，提供高性能的查询搜索、实时分析、统计分析、预测性分析等数据分析功能。TDH 拥有较好的数据库兼容性，可以帮助各个行业的用户开发创新的数字化业务，还可以替代关系型数据库提升当前业务的应用效能。

TDC 作为基于容器技术的数据云平台，支持将大数据基础平台、分布式数据库、数据开发与智能分析工具等大数据软件以 PaaS 云服务的方式提供给客户，满足客户对数据平台的多租户、弹性可扩展和使用灵活的要求，可以在一个云平台上支撑大量的用户需求和数字化应用，适用于建设大型企业的数字化基础设施、城市大数据中心的数据平台、企业级数据应用云以及跨多数据中心的数据平台等场景。

ArgoDB 是面向数据分析型业务场景的分布式闪存数据库产品，主要用于构建离线数据仓库、实时数据仓库、数据集市等数据分析系统。作为公司自主研发的数据库，ArgoDB 已经完成和飞腾、鲲鹏等国产硬件及麒麟、UOS 等国产操作系统的深度适配。ArgoDB 兼容 Oracle、IBMD B2、Teradata 数据库对

SQL 语言的扩展，可以在数据仓库场景中替代国外分析型数据库。

KunDB 是公司研发的一款面向数据操作场景的分布式交易型数据库，主要用于支持操作型业务场景（如 ERP、OA、HIS 等）和高并发场景（如消费者的手机 App 应用等）的核心数据系统的构建。2021 年 12 月，KunDB 在中国人民银行下属北京国家金融科技认证中心标准符合性检测中表现较为优异，在包括分布式事务能力、分布式数据存储、服务高可用、扩展性和运维管理等能力的 337 项检测中通过率达到 91.39%。

TDS 是公司研发的一款用于大数据开发的工具集。TDS 内置多个数据工具产品，为企业构建数据仓库、数据湖、数据中台，提供高效的数据集成、数据治理、数据资产管理、数据标签与服务、数据共享与交易等工具，提高开发者对数据系统的建设效率，提升业务客户对数据资产的利用效率，帮助客户实现数据对业务的赋能。

Sophon 是一款一站式人工智能平台，是包括一系列数据分析与机器学习建模工具的智能分析工具软件，涉及数据分析中的计算智能（读取、计算）、感知智能（看、读、认）、认知智能（理解、认知、思考、推理）以及行为智能（决策）四个主要方向。Sophon 能够一体化地完成数据采集、数据接入、模型构建、模型测试、模型管理、知识存算和推理以及辅助决策流程，支撑各类业务的数据分析、探索与服务。通过 Sophon 内置的统计算法、机器学习算法和深度学习算法，用户能够更高效地进行大规模复杂数据分析和预测性分析，从而辅助业务决策，提高企业的数字化运营能力和智能化决策能力。

2. 应用与解决方案

应用与解决方案主要是针对大数据应用场景，提供大数据存储、处理以及分析等相关场景下的咨询及定制开发等服务的解决方案，可分为数据应用解决方案和业务应用解决方案。

应用解决方案是指公司根据企业数据体系的现状和需求，提供基于公司产品的数据平台、数据治理、业务智能分析等系列解决方案。数据应用系统通常面对的适用对象为用户内部技术人员，为搭建业务应用系统提供支撑。

业务应用解决方案是为了促进新技术产品在特定行业客户的推广，公司依托自研的大数据、数据库等核心软件产品,针对特定业务场景需求提供行业应用解决方案。公司通过行业业务与应用解决方案了解客户需求,解决客户痛点问题,建立示范标杆,进而带动更多客户采用公司产品。目前,公司已在金融行业提供了金融风控解决方案与量化投研解决方案,在教育行业提供了科研与教学平台解决方案。

(三)财务数据

1. 营收高速增长,三年复合增长率近40%

随着计算机技术及互联网的快速普及发展,数据成为核心生产要素,具有海量、异构、多源及高并发等特点的非结构化数据在各领域的分析与决策中扮演的角色日益重要。国家各级政府相关主管部门陆续出台了多项行业支持政策,这些都为星环科技的发展提供了良好的外部环境。

星环科技的招股说明书显示,2019—2021年,星环科技的营业收入保持高速增长,营业收入分别为1.74亿元、2.60亿元和3.31亿元(见图6-9),三年复合增长率为37.80%。

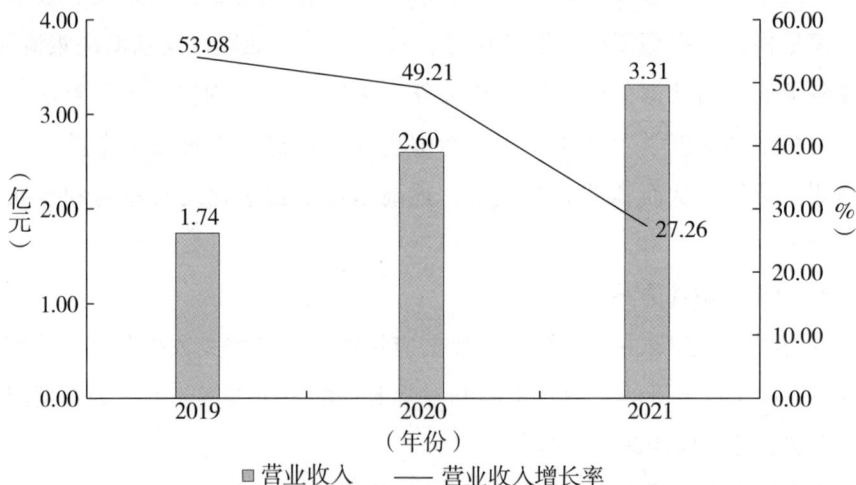

图6-9 星环科技2019—2021年营业收入情况

数据来源:公司招股说明书,零壹智库。

从收入结构来看,软件产品与技术服务是公司的主要收入来源,2019—

2021 年分别实现收入 1.55 亿元、2.06 亿元及 2.56 亿元，三年复合增长率约为 28.59%，占相应期间主营业务收入的比例分别为 89.00%、79.18% 及 77.50%；应用与解决方案收入占 2019—2021 年主营业务收入的比重分别为 2.22%、11.68% 及 16.46%，收入规模整体较小但增速较高，尚处于发展初期（见图 6-10）。

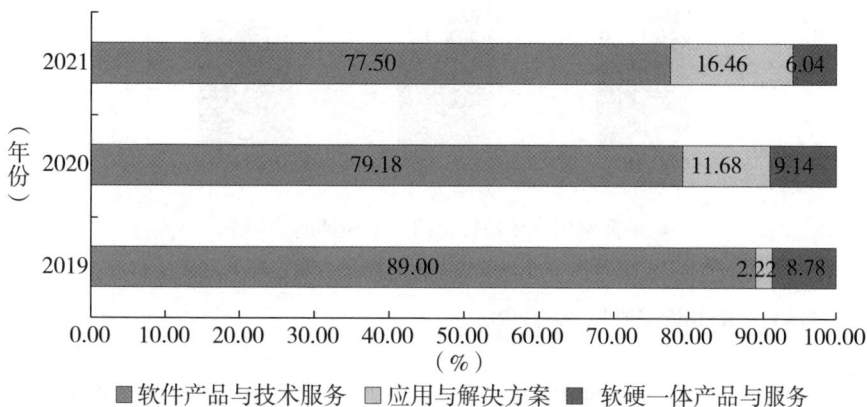

图 6-10　2019—2021 年星环科技主营收入状况

数据来源：公司招股说明书，零壹智库。

2. 期间费用率较高

营业收入的增长并未能让星环科技实现盈利。招股说明书显示，2019—2021 年星环科技归母净利润分别为 -2.11 亿元、-1.84 亿元和 -2.45 亿元。截至 2021 年 12 月 31 日，公司累计未弥补亏损为 4.16 亿元，其主要原因是公司正处于快速成长期，在研发、销售及管理等方面持续投入较大，营业收入规模相对较小，使公司归属于母公司所有者的净利润持续为负。

2022 年受新冠疫情影响，第一季度星环科技营业收入不及预期且亏损进一步扩大，2022 年第一季度归母净利润为 -8770.44 万元。

根据招股说明书，2019—2021 年星环科技的期间费用率分别为 184.20%、131.36% 及 134.98%，即期间费用超过了营业收入，导致公司业绩不佳。在期间费用中，销售费用的支出占比最高。2019—2021 年销售费用分别为 1.49 亿元、1.55 亿元和 2.03 亿元（见图 6-11），占当期营业收入的比例分别为 85.59%、59.75% 和 61.42%。

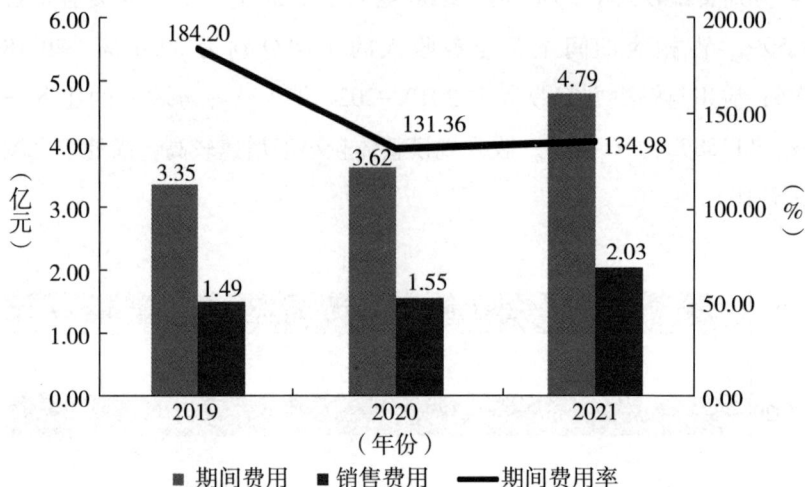

图 6-11　星环科技 2019—2021 年的期间费用、期间费用率情况

数据来源：公司招股说明书，零壹智库。

横向对比来看，同行业可比上市公司 2019—2021 年销售费用率平均水平分别为 50.74%、44.44% 及 41.68%，星环科技的销售费用率高于同行业可比上市公司的平均水平。除了公司处于快速发展阶段从而收入规模相对较小外，星环科技在招股书还做了两点解释：客户类型多样，销售区域分布广泛；大数据产品专业性强，对销售工作的专业能力要求较高。

3. 毛利率相对稳定

2019—2021 年，星环科技毛利润随公司业务规模增长持续提高，公司综合毛利润分别为 1.06 亿元、1.51 亿元和 1.95 亿元，综合毛利率分别为 60.09%、58.02% 和 58.94%（见图 6-12），毛利率整体维持在较高水平且波动较小。

从产品构成来看，软件产品与技术服务的毛利率分别为 64.35%、66.33% 和 71.83%，高于同期公司的综合毛利率，整体趋势稳中有升；应用与解决方案业务的毛利率分别为 -30.22%、5.39% 和 0.21%，处于较低水平，系业务发展初期大量人力及资源开拓投入所致；软硬一体产品及服务毛利率分别为 46.61%、53.29% 和 53.50%。毛利率持续增长，系公司搭载销售的软件产品及配套服务占比提升所致。

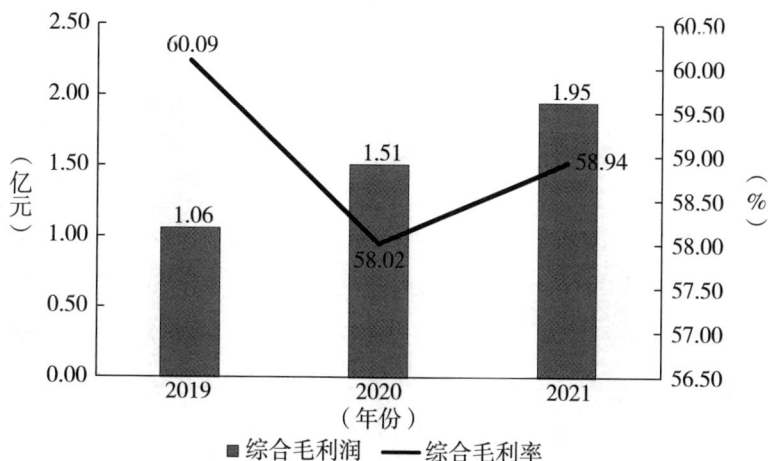

图 6-12 星环科技 2019—2021 年综合毛利润、综合毛利率情况

数据来源：公司招股说明书，零壹智库。

横向对比来看，同行业可比上市公司 2019—2021 年的综合毛利率平均水平分别为 72.23%、74.47% 和 73.50%，星环科技的综合毛利率略低于同行业可比上市公司综合毛利率的平均水平，公司解释主要是由收入结构差异所致。

4. 研发投入占比高

大数据行业作为高新技术行业，行业产品更新和技术迭代速度较快。较强的研发投入力度是公司整体盈利能力和市场竞争力不断提升的关键。为此，星环科技高度重视技术研发投入，2019—2021 年研发费用分别为 1.09 亿元、1.09 亿元和 1.40 亿元，研发费用占营业收入比例分别为 62.66%、42.11% 和 42.46%（见图 6-13），均高于同行业可比上市公司均值。2021 年公司研发人员数量达 271 人，占员工总数的 26.46%，公司拥有 4 名核心技术人员，均曾在英特尔担任软件工程师。

在技术创新与专利方面，截至 2022 年 6 月，星环科技已获授权境内专利 77 项（其中发明专利 74 项）及境外专利 8 项，已取得软件著作权 328 项。

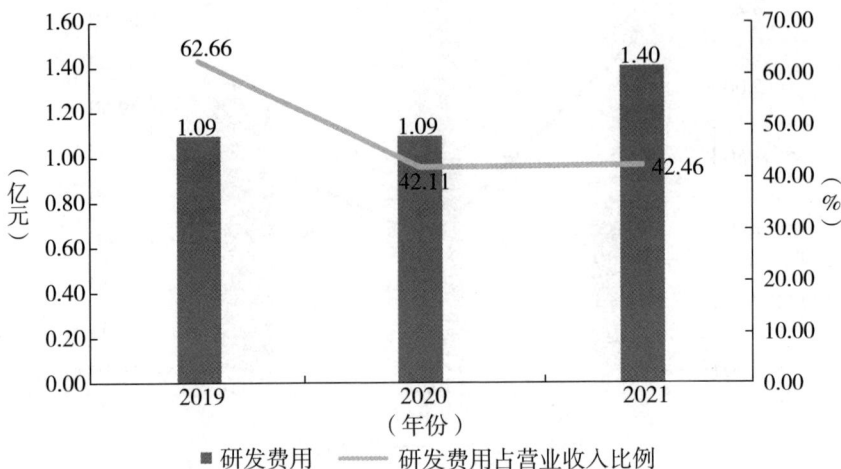

图 6-13　星环科技 2019—2021 年研发投入情况

数据来源：公司招股说明书、数字化讲习所、零壹智库。

（四）机遇与挑战

1. 位处大数据风口，企业发展前景广阔

沙利文发布的研究报告指出，全球大数据市场规模有望在 2024 年超过 800 亿美元，2019—2024 年年复合增长率约为 11.82%。其中，软件市场规模由 2015 年的 67 亿美元增长至 2019 年的 170 亿美元，年复合增长率为 26.2%，超过硬件和服务收入增速。预计到 2024 年，全球软件市场规模达到 377 亿美元，年复合增长率约为 17.3%。而中国大数据市场在过去 5 年经历了快速增长，整体市场规模增长速度快于全球市场。2019 年，中国大数据市场规模达到 627 亿元，4 年复合增长率达到 31.9%，其中，大数据软件市场规模由 2015 年的 52 亿元增长至 2019 年的 146 亿元，年复合增长率为 29.5%。

随着中国对数据运用重视程度日益提高，用户对于大数据软件采购预算增加趋势明确。沙利文发布的研究报告指出，中国大数据软件市场仍将继续保持高速增长，软件市场整体规模将在 2024 年达到 492 亿元，2019—2024 年年复合增长率约为 27.5%。因此，星环科技位处大数据高速成长的行业风口，拥有巨大的市场潜在需求和空间，企业应加强大数据平台的研发与创新，推

动快速成长。

2. 产业政策集中出台，企业受益政策红利

除了市场需求增长带来的红利，国家政策也给予了大数据行业发展利好。党的十八届五中全会提出实施国家大数据战略以来，国务院及发改委、科技部、工信部等部门相继出台一系列大数据鼓励扶持政策。

《中华人民共和国国民经济和社会发展第十四个五年规划和 2035 年远景目标纲要》也提出，培育壮大人工智能、大数据区块链、云计算、网络安全等新兴数字产业；充分发挥海量数据和丰富应用场景优势，促进数字技术与实体经济深度融合，赋能传统产业转型升级。

与此同时，国家大力推进"新基建"，指出要打造以技术创新为驱动，以信息网络为基础，面向高质量发展需要，提供数字转型、智能升级、融合创新等服务的基础设施体系，并通过一系列举措为大数据行业的快速发展营造了良好的政策环境。

近年来，政府和企业持续加大在 IT 产品和服务方面的投入，以满足日益增长的业务数字化需求，而星环科技所处的大数据行业为企业及政府数字化转型提供关键基础软件，有望在数字化转型和政策推动下获得更多收益。

3. 数据管理软件国产化趋势明显，星环科技核心产品行业领先

国内数据管理软件基本被以 Oracle、IBM 和微软为代表的国外关系型数据库厂商主导，国产软件产品渗透率低。随着国内客户越来越重视数据与信息安全，国产软件产品在关键领域实现替代成为重要考量，越来越多的客户已经开始或计划相关软硬件的采购计划。

大数据时代背景下，数据管理软件正在逐步由集中式架构软件向分布式架构软件演进，国产大数据产品有望实现换道超车，对国外数据管理软件进行替代。星环科技作为国内为数不多的大数据和人工智能基础软件平台的供应商，经过多年自主研发，实现了分布式核心软件的重构，其分析型数据库、NoSQL 数据库（包括全自研的搜索引擎、图数据库）产品性能世界领先，在交易型数据库领域布局多年，已覆盖了全部数据库产品品类。因此，星环科技在数据管理软件的国产化趋势中拥有一定的主动权。

4. 市场竞争加剧

当前在国内大数据基础软件领域，以华为云和阿里云为代表的云厂商、以新华三为代表的 ICT 厂商等国内企业，凭借其多元化产品线及数字化设施整体建设能力、积累的客户和渠道资源，在国内大数据市场中占据一席之地。根据 IDC 发布的报告，2021 年上半年星环科技在中国大数据平台软件市场的份额为 1.3%，位于华为云、阿里云等同行业公司之后。

随着用户对数据存储和分析服务的需求不断增长，各竞争对手也在加强争夺市场份额，星环科技仍处于快速发展初期，相比于国内大型云厂商，公司在资金实力、品牌知名度等方面仍有一定差距，将面临较为激烈的行业竞争。

八、数字零售超级独角兽——小红书

随着居民生活水平提高、消费升级、"Z 世代"渐成消费主力、线上购物成为全民习惯等，国家出台了一系列政策推动零售行业数字化发展。在宏观政策、技术普及、平台互通等共同影响下，通过数字化升级布局数字商业成为时代主流。近年来，新冠疫情对零售行业造成了一定影响，但是一批在 2018 年已经提前布局数字商业的零售企业却实现逆势增长。

小红书是全球最大的社区电商平台，成立 5 年跻身数字零售行业独角兽行列，估值达 200 亿美元。小红书将用户运营作为企业经营价值核心，关注私域用户的差异化触达和精细化运营，2019 年 7 月 MAU（月活跃用户数）破亿，2022 年 1 月 MAU 达 2 亿。定位于"内容社区"的小红书，不断探索最适合自己的路径，加速商业化进程。据媒体报道，小红书搁置赴美上市计划后，正考虑在香港进行 IPO。

（一）5 年跻身独角兽行列

2013 年 6 月，基于 UGC（用户生成内容）的生活分享社区和跨境电商平台小红书在上海成立。用户可以通过短视频、图文等形式记录生活点滴，分享生活方式，并基于兴趣形成互动。同年 12 月，小红书推出海外购物分享社区，其商业模式主要是商品通过社媒达人、意见领袖、资深用户等来背书，分享攻略、经验促成更多的购买成交。

2014 年 6 月，小红书完成数百万美元的 A 轮融资；12 月，小红书正式上线电商平台"福利社"。随着产品的迭代，小红书从社区平台转化为"社区+电商平台"，在 UGC 电商领域处于比较领先的地位。2015 年 6 月，小红书完成纪源资本领投的千万美元级别 B 轮融资，小红书 App 登上了苹果应用商店总榜第 4，用户达到 1500 万。2017 年 5 月，《人民日报》专题报道称小红书成长为"全球最大的社区电商平台"。

2018 年 6 月，小红书完成超过 3 亿美元 D 轮融资，公司估值超过 30 亿美元，正式跻身独角兽行列，本轮融资由阿里巴巴领投，金沙江创投、腾讯投资、纪源资本、元生资本、真格基金等新老投资人参与。2019 年 3 月，小红书正式上线品牌号功能；同年 7 月，小红书 MAU 破亿。

2021 年 11 月，小红书完成新一轮融资（见表 6-13），估值超过 200 亿美元；12 月，小红书入选中国十大独角兽榜单，位列第七名，一跃成为国内最大的"种草"社区，被视为品牌"种草"第一站。2022 年 1 月，小红书 MAU 达到 2 亿。

表 6-13　　　　　　　　　　小红书融资情况

披露日期	轮次	金额	投资机构
2021-11	E	5 亿美元	腾讯投资、淡马锡阿里巴巴、天图投资、元生资本
2018-06	D	超 3 亿美元	阿里巴巴、金沙江创投、纪源资本、天图投资、腾讯投资、元生资本、真格基金等
2016-03	C	1 亿美元	腾讯投资、天图投资、元生资本
2015-06	B	数千万美元	纪源资本、金沙江创投
2014-06	A	数百万美元	金沙江创投、真格基金
2013-09	种子	数百万元	真格基金

数据来源：零壹智库。

（二）从单一购物需求转向多元生活方式

2018 年之前，小红书的 slogan 是"找到全世界的好东西"，传递的意思和小红书诞生之初的想法一致。在跨境电商处于风口的那几年，小红书一度将精力放在电商业务上，力图给用户搭建一个从找到好东西到买到好东西的闭环。

随着用户体量的增加和 UGC 内容池的丰富，小红书的 slogan 从"找到全世界的好东西"变更为"标记我的生活"。基于用户更多生活领域信息的分享和阅读需求，小红书也尝试开始拥抱社区内容多元化，并在 2016 年年初引入千人千面的算法推荐机制，从购物分享演进到覆盖美食、旅行、学习、育儿与健身在内的各类生活方式分享。

小红书进行了自我升级和市场下沉，从消费购物到生活方式，从 0 广告费到明星代言，加大了宣传力度，社区也从刚开始的以分享"高端生活方式"为主，下沉到唤醒那些还没来得及体验优质生活的用户。自此，小红书从一个单纯的好物分享平台，变成一个对年轻人极具影响力的消费决策平台，内容方向也从购物拓展到生活的方方面面。

（三）内容生产引擎："内容供需+用户心理需求"

2016 年年初，小红书将人工运营内容改成了通过大数据和人工智能的方式进行分发，将社区中的内容精准匹配给对它感兴趣的用户，通过"基础体验+展示策略+社交氛围"的组合让用户产生黏性，从而提升用户体验。

从内容供需角度来看，小红书的内容展示策略是"用户画像（长期）+实时更新（即时）"。用户画像，就是来自用户生命周期内所有动作的综合产出，这是一个长期结果。它的作用就是当用户没有新的重要行为（如主动搜索）时，小红书同样能够根据用户画像呈现内容，不让用户对平台失望。而实时更新就是在用户产生重要行为时的瞬间响应，当用户搜索过特定内容后，发现页就会立即按一定权重比例展示相关内容，重要行为产生的用户画像新维度要根据画像迭代和时间推移而进行加权和去权。

小红书将内容通过标签匹配用户需求，即内容在发布后会被平台打上一系列标签，将其推荐给可能感兴趣的人，而笔记中被提取的关键词、地理位置等信息则是标签的重点关键词。例如，某用户平常爱看美妆类的笔记，平台则会推荐更多的美妆笔记给该用户。在推送给一些用户后，平台会根据笔记的互动量来给笔记打分，决定是否要继续推荐给其他用户，这个评分体系在小红书内部称为 CES（Community Engagement Score）。

从用户心理需求角度来看，可将用户大致分为三类：有购物目标的用户、没有购物目标的用户、分享内容的用户。有购物目标的用户更多是把小红书当作一款功能型产品来使用，他们希望从小红书上获得目标商品的真实使用感受，或者在这个平台直接购买商品。没有购物目标的用户是小红书的主力用户，也是主要的内容消费者，他们把小红书当作内容型社区产品来使用，会在闲暇的时间打开 App，希望在小红书上发现一些感兴趣的内容，"种草"一些商品。分享内容的用户很大程度上决定了小红书整体社区氛围的调性，是不可或缺的重要组成部分。这类用户把小红书当作社交社区型软件来使用，他们希望通过分享购物心得和自己的生活来获得关注和认同。

（四）流量获取：内容品类广泛，明星效应加持

小红书的流量分发优势在于平权分发，高性价比，长尾效应。其内容品类的广度覆盖是平台与用户共同努力的结果。小红书在内容的建设上始终保持宽容的心态，只要不踩高压线的品类都可以让其生长。内容品类由三个维度相互作用，不同维度权重的品类对应的增长方案则有所不同。一夜走红的爆款，意义在于引流；细水长流的普款，价值在于留存。而对于有价值的品类，小红书会投入资源作为正催化剂，让其快速反应成为流量据点。

与品类相同，平台对于用户运营也有明确的分类。用户是按照价值的生产与传播能力来划分的，社会身份和平台身份在这个分析角度是有高度重合的。他们本身的影响广度和深度，决定着其在平台的价值高度。明星入驻小红书，自带的粉丝流量和综艺节目带来的强大曝光量引来了极大数量的粉丝下载小红书，追逐同款产品。热度持续的流量明星吸引的年轻化的粉丝群体，恰巧与小红书目标用户的年龄层重叠。在明星与粉丝的交互中，粉丝也渐渐转化成留存度较高的用户，持续使用 App。KOL 的价值是承上启下，他们除

了"种草",还能为内容平台建立氛围基础。品类属性相近的 KOL 之间相互引流，让普通用户能够驻留在他们所营造的场景之内，成为优质流量。

（五）精准定位年轻女性

从性别分布上看，小红书的目标用户主要是女性。根据小红书数据，截至 2022 年 7 月，女性用户占比为 77.00%，男性用户占比为 23.00%（见图 6-14）。这与女性对分享自己的生活和对境外购物更感兴趣有关。近年来，小红书内容逐渐向美食、健身、汽车、体育等领域延伸拓展，随着男性明星、KOL 纷纷入驻小红书，男性用户比例有所增长。

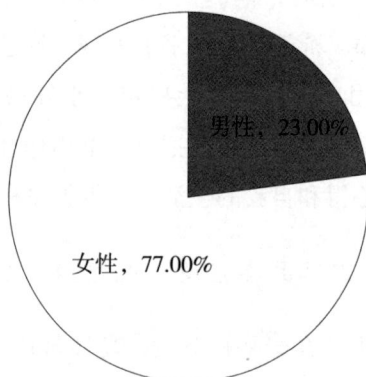

图 6-14 小红书用户性别占比

数据来源：零壹智库。

从年龄分布来看，小红书覆盖用户年龄层广泛，目标用户集中在年轻的消费群体上。数据显示，18～35 岁的用户超过半数，合计占比达到 50.44%（见图 6-15）。小红书对于该年龄段消费群体而言具有普适性，更低年龄的人群消费能力也较低，而更高年龄的人群虽然有一定的购买能力，但没有形成购买境外产品的习惯。

从地区分布来看，小红书的用户主要集中在经济较发达地区。这些地区的用户消费能力较强，生活水平也相对较高，对境外购物的接受度和需求也相对较高。数据显示，小红书用户所在区域占比最高的 10 个省份为湖南、河南、河北、江苏、广东、福建、山东、新疆、陕西、浙江（见图 6-16）。

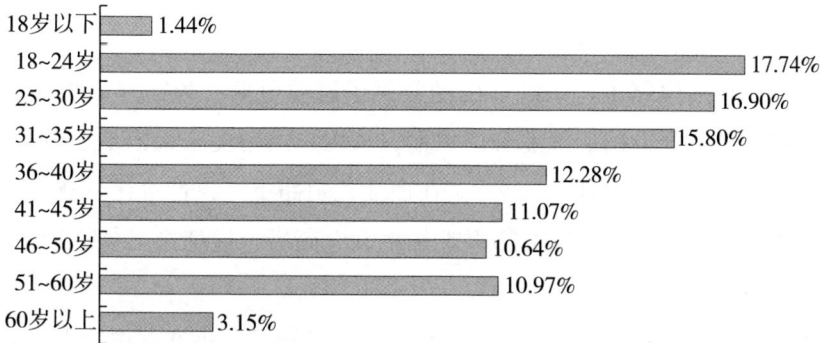

图 6-15 小红书用户年龄占比

数据来源：mUserTracker，零壹智库。

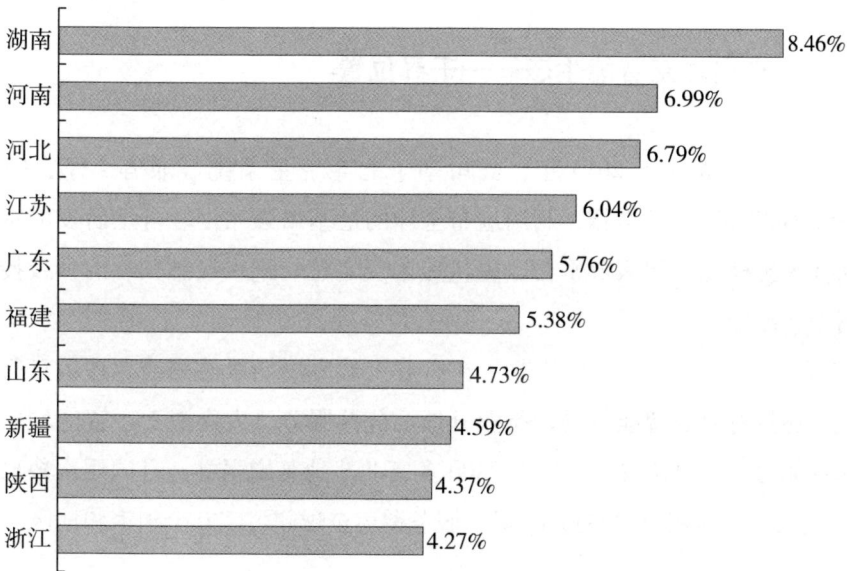

图 6-16 小红书用户区域占比

数据来源：mUserTracker，零壹智库。

（六）小结和展望

据媒体报道，小红书曾计划于 2021 年在美国进行 IPO，募资 5 亿~10 亿美元，该计划搁置后，又考虑在中国香港冲击上市，募资约为 5 亿美元。对此小红书回应称，阶段性与资本市场保持沟通，但暂无明确计划。无论是出于新阶段用户高速增长，还是出于日后上市的考虑，小红书都需要尽快探索出最适合自己的商业化路径。

在商业化的道路上，小红书已经尝试了跨境电商、为第三方平台导流、自创品牌、线下开设门店等业务。然而，从用户的角度来说，小红书的角色重点聚焦于"内容"而非"交易"。在商业化道路上，论性价比、SKU数量、物流时效、售后服务，小红书都很难与主流电商平台或拥有巨额流量的短视频平台一较高下。

追求优质内容与内容商业化本身存在一定的矛盾，小红书作为内容社区，本质还是内容分享，因此优质内容才是立身之本。维护好优质信息提供者的生存土壤，就不会缺少用户与变现机会。

九、布局时空智能生态——千寻位置

千寻位置成立于2015年，公司基于北斗卫星系统（兼容GPS、GLO-NASS、Galileo）定位数据，利用遍布全球的地基增强站网、自主研发的定位算法及大规模互联网服务平台，提供厘米级定位、毫米级感知、纳秒级授时的时空智能服务。

历经多年发展，千寻位置除了在有着天然应用场景的测绘地理信息行业耕耘，还具有服务智能驾驶、行业升级、公共服务、大众消费、智能城市等领域的能力。千寻位置已经建立2800多座北斗地基增强站，月调用次数已超1000亿次，全球用户数超过11亿，服务覆盖全球超过230个国家和地区。

（一）自研底层技术"六脉神剑"，领跑时空智能新赛道

千寻位置由中国兵器工业集团和阿里巴巴集团共同发起成立，注册资本为20亿元，各占股50%。前者是国家授权的北斗地基增强系统研制和产业应用总体单位，后者则在云计算和大数据等软件领域实力强劲。

2019年10月，在资本市场的寒冬之下，千寻位置进行了成立4年后的首轮融资——A轮融资金额达到10亿元，公司估值超过130亿元。公司全面升级战略定位，从"精准位置服务平台"升级为"时空智能基础设施"，正式

开启时空智能新赛道。

2020 年 8 月，千寻位置以 100 亿元估值位列 2020 胡润全球独角兽榜第 256 位。2021 年 5 月 27 日，千寻位置宣布其自主研发的星基服务已具备完整商用能力，正式成为中国第一个具备自主知识产权、可商用的星基增强服务的服务商。

2022 年 7 月，千寻位置发布"六脉神剑"，包括高可用星地一体融合技术、多层次大气建模算法、快速收敛星基增强技术、全链路完好性技术、高性能分布式应用框架、云端一体开放时空服务协议，正式对外揭晓时空智能六大底层自研技术。

（二）星地一体——千寻位置的显著壁垒优势

千寻位置所有的时空能力都是在北斗卫星导航系统的基础上构建的。通过在地面建设遍布全国的北斗地基增强站，把它们组成一张网络，引入飞天云平台的分布式云计算架构，千寻位置可就普通卫星定位的误差进行实时纠偏，实现对卫星导航系统服务的增强，奠定了高精度定位服务的基础。

传统星基服务在应用过程中，最明显的痛点在于长达 15~20 分钟的初始定位时间。相比之下，千寻位置基于 PPP-RTK（精密单点定位—实时动态定位）技术的星基服务，在无须大气产品辅助的情况下，依然能够快速可靠地获得高精度定位结果，收敛时间平均 1 分钟，最快可在几十秒达到收敛。

基于星地一体的融合方案，千寻位置目前可实现高精准、高覆盖的定位服务，即使在沙漠、海洋、高空等无网络覆盖或者网络覆盖断续的区域，同样能提供 7×24 小时高可用的动态厘米级定位服务，服务可用率和可靠性可高达 99.99%，完好性指标达到 10^{-7}/h。

此外，千寻位置还将其所有与时空服务相关的软硬件资源进行了整合，打造了首个支持城市级大规模时空感知、计算和协同的操作系统——昆仑镜。该系统具备十亿级时空智能终端服务接入和卓越的大数据算法，可以赋能桥梁、大坝、水利、市政等各类城市基础设施时空智能"新基建"。

（三）完整时空智能生态布局，重塑全产业链能力

千寻位置已成为国内唯一实现从增强站、数据平台、算法、播发到用户

接收端全链路完好性的企业，构筑云端一体化的时空智能完整产业链，并与新一代5G通信、人工智能、云计算等新技术深度融合，构建起时空智能新模式、新业态、新经济。

1. 绝对定位能力

自动驾驶若要解放双手，就需要让汽车在行驶过程中精确地知道自己所在的位置，实现这一目标有两条路线，一条是单车智能，依靠激光雷达或者视觉等传感器来感知世界，驱动汽车；另一条是车路协同，即从单车智能到系统智能。

激光雷达、视觉、毫米波、惯性导航等输出的都是相对定位能力，而千寻位置输出的是绝对定位能力，能够将绝对位置和相对位置整合，让各交通参与方都确定自己在统一时空基准之上的精确位置，再加上高精度地图，就可以从全局视角对车辆进行驱动和调度。

千寻位置所提供的"时空智能"，拥有动态厘米级和静态毫米级的高精度定位能力、纳秒级的高精准时间同步能力。同时，千寻位置利用不断升级的高精度时空服务，助力以高德地图为代表的高精度地图生产者实现效率提升，并进一步便利海量硬件终端完成时空感知能力的迭代，让定位、地图、终端实现又一轮同步升级，共同为自动驾驶构建一个升级版的"精准时空"。

2. 高精度定位体系

在智能驾驶领域，千寻位置已率先建成"能力、产品、生态"三位一体的汽车高精度定位工业化体系，并先后在广汽新能源埃安V、埃安LX、小鹏P7、红旗HS5、红旗H9、红旗E-HS9等多款车型上得到了验证，用于实现L2/L3自动驾驶、L4自主代客泊车、V2X、智能座舱等应用。未来，随着智能汽车逐渐往更高自动驾驶水平方向演进，驱动高精度定位的重要性更加凸显。

在能力层，千寻位置为汽车行业匹配了"专有服务、智能算法和集成硬件"，用FindAUTO帮助汽车智能化升级，包括汽车行业专属的厘米级定位服务，经过虚拟化仿真平台验证的智能算法，以及与卫星信号接收天线、卫星定位芯片等相关的硬件解决方案。基于这套解决方案，车辆实时动态定位精度最高可达2厘米，能够很好地满足L3级以上智能驾驶和车路协同的广泛需求。

在产品层，千寻位置首创汽车高精度定位产品"五维"体系，从精准性、可靠性、安全性、效率、质量五个方面树立产品标准，衡量产品性能的高低。例如，为了保证高精度定位产品的安全可靠，千寻位置引入应用于航空领域的完好性指标，完好性风险低至 10^{-7}/h 的为可信定位结果；千寻位置拿下 IEC 61508 和 ISO 26262 两项功能安全认证，成为国际上唯一同时通过这两项认证、符合工业及汽车领域国际功能安全标准的高精度定位服务提供商。

在生态层，千寻位置和上汽、一汽、广汽、小鹏、蔚来等车企及出行服务商，知名 Tier 1（汽车一级供应商），高通、ST、移远等芯片厂商等产业链上下游展开紧密的合作，构建全产业链多元融合生态。

3. 多行业布局，助力时空智能走向大众

千寻位置的时空智能服务还能使手机实现车道级导航，无人机自主飞行进行电网巡检、农药喷洒，共享单车定点停放，公交车实时上报精准位置，甚至连锥桶、三角牌、摄像头等道路基础设施也可以拥有精准时空能力。

千寻位置最新发布的具备精准时空能力的数字孪生产品，包括面向数字孪生的 3D 地图引擎"千寻数境"、道路智能巡检系统"千寻驰观"、数字孪生基础设施管理平台"千寻孪界"等，可应用于智慧矿山、基础设施管理、智慧码头、省域空间治理、智慧高速等多种场景，助力构建实时精准映射现实环境的数字孪生城市。

在大众消费领域，全球首款高精度定位书包"千小叮"搭载千寻位置的时空智能服务正式量产并上市销售，其高精度定位模组，3 秒即可实现亚米级定位。2020 年年底，千寻位置与华为、高德地图合作，在全球首次推出了亚米级车道级导航手机；2021 年 5 月，小米联合千寻位置、高德地图，在高端旗舰手机小米 11 Pro、11 Ultra 上通过 OTA 升级上线车道级导航服务。

（四）卫星导航产业前景广阔，千寻如何参与竞争

数据显示，2020 年中国卫星导航与位置服务产业总产值达 4033 亿元，较 2019 年增长约 16.9%，由卫星导航应用和服务所衍生带动形成的关联产值同比增长约 19.9%，达到 2738 亿元，在总产值中占比达到 67.89%。近 10 年来，中国卫星导航产业总产值年均增长 20% 以上，预计到 2025 年，中国北斗产业总产值将达到 1 万亿元。

在众多以北斗卫星为产业的企业中，优质者不在少数。合众思壮已涉足北斗产业近 25 年，业务聚焦于北斗高精度、北斗移动互联、时空信息服务三大领域，具有强大的技术研发能力。北斗星通在自主高精度定位芯片算法、全球卫星定位辅助服务、高精度服务等领域具备基础和优势，其发布的 TruePoint 平台是 "云+IC/端" 战略的落地，构建了开放式高精度定位数据生态，也将助力打造 "全球一张网"。四维图新数字地图已连续多年领航中国前装车载导航市场，并通过合作共赢的商务模式在消费电子、互联网和移动互联网市场占据 50% 以上的市场份额多年。

千寻位置另辟蹊径，将高精度时空服务打造为面向大众、触手可及、随需而用的公共服务，搭建互联网级别的完整大规模生态平台。作为全球最大规模北斗地基增强站网系统，千寻位置是北斗增强运营商的唯一龙头，大体量的地基增强站为千寻位置的商业化提供了网络基础，不同于北斗卫星产业常规思维的互联网商业模式和市场打法，而是开拓了新的赛道。此外，千寻位置还是国内唯一满足自动驾驶要求的具有绝对定位服务能力的平台，在自动化驾驶领域具有显著的壁垒优势。

（五）结语

北斗目前提供的服务，可能仅是未来十年服务场景的 5%。对于时空智能技术来说，只有开发应用场景足够广泛，才能成为真正的基础设施。如何将看不见的底层技术，变成看得见的公共服务，是所有北斗从业者都在探索的问题。

千寻位置在众多竞争者中崭露头角，从强大的基础设施底座到创新性的技术优势，以及构建了完整的时空智能产业链，千寻位置从当初的愿景出发，此刻的每一步都在助力北斗卫星实现产业化、大众化。

十、构筑仓储机器人壁垒——海柔创新

在万物互联、数智化转型等浪潮的冲击下，物流行业正向着智慧化加速

变革，仓储的智慧化转型也已成为企业降本增效的必选项。2021 年，箱式仓储机器人领域高速增长，技术成熟度的提升使市场对于产品认知程度不断提高，逐渐进入应用爆发期。箱式仓储机器人的成长与崛起，从该领域的首创者和领航者——海柔创新的发展中可见一斑。

海柔创新于 2016 年在深圳成立，短短 5 年就跻身独角兽阵营。公司致力于通过机器人技术和人工智能算法，提供高效、智能、灵活、定制化的仓储自动化解决方案，已在全球落地 500 余个项目，拥有知识产权 1100 余项。

海柔创新的核心产品——库宝 HAIPICK 箱式仓储机器人（ACR）系统——是全球首款进行研发并投入商业使用的箱式仓储机器人系统，凭借存储密度更高、改造难度更小、柔性和兼容性更好、更符合多元化 SKU 等特性脱颖而出，已应用于 3PL（第三方物流）、鞋服、电商、电子、电力、制造、医药等各行业。

（一）开辟仓储自动化技术新模式，最新估值超 20 亿美元

2015 年前后，仓储自动化有两类主流技术路线：一是 AGV（Automated Guided Vehicle），"货架到人"模式，亚马逊的 Kiva 机器人就属于这一类；二是 AMR（Autonomous Mobile Robot），"订单到人"模式，机器人能实现自主移动，在找人的同时找货。海柔创新另辟蹊径，从零开始开发了主打"货箱到人"的 ACR 模式（Autonomous Case-Handling Robotic System），通过完成对货箱的精准识别，用自动化解决了仓储作业流程中的最后一环。

海柔创新团队从 2015 年开始研发首款料箱机器人，用了近 3 年时间反复打磨核心产品——库宝系统，并在此基础上于 2018 年 8 月与百世联合打造了业内首个箱式仓储机器人系统商业落地项目——百世供应链。凭借创新和便捷性，库宝系统大规模投入市场后深受认可，首批合作厂商包括欣贺股份、顺丰 DHL、新宁物流等国内大型企业。

2019 年，海柔创新开始进行大规模的产品推广，并获得了市场认可。2021 年，新战略移动机器人产业研究所发布的《2021—2025 中国箱式仓储机器人产业发展研究报告》显示，海柔创新箱式仓储机器人市场份额超过 90%。同年，公司密集完成 3 轮融资，其中 C 轮、D 轮融资间隔 1 个月，总额超过 2

亿美元。这意味着海柔创新的产品、技术与服务能力备受资本和市场的认可。

2021年12月，海柔创新入选胡润百富2021全球独角兽榜，估值高达100亿元，成功跻身独角兽阵营。2022年6月，海柔创新对外宣布获得过亿美元的D+轮融资（见表6-14）。

表6-14 海柔创新融资情况

披露日期	轮次	金额	投资机构
2022-06-15	D+	过亿美元	今日资本、五源资本、源码资本、红杉资本、零一创投
2021-09-22	D	未透露	今日资本、红杉中国、五源资本、源码资本、联想之星、零一创投
2021-08-19	C	未透露	五源资本、红杉中国、源码资本、VMS投资集团、华登国际、势能资本
2021-03-10	B+	1亿元	五源资本、源码资本、华登国际
2020-09-01	B	1亿元	源码资本、华登国际、零一创投
2019-05-24	A	未透露	华登国际、百世物流
2018-08-07	A	未透露	同方创投
2018-08-07	Pre-A	1000万元	百世物流、清华同方
2017-10-23	天使	未透露	联想之星、零一创投、同方以衡
2017-01-12	种子	未透露	XBOTPARK基金-松山湖机器人研究院
2015-07-01	种子	未透露	XBOTPARK基金、香港塞纳责任有限公司

资料来源：零壹智库。

（二）智慧仓储赛道拥挤，海柔创新如何脱颖而出

1. 蓝海市场，竞争激烈

高工产业研究院的数据显示，2020年中国智能仓储市场规模达到980.6亿元，2025年有望达到2500亿元。目前仓储自动化渗透率仅为1%，大量仓库仍以人工作业为主。随着人口红利渐退，人力成本上升是必然趋势，劳动密集型的仓储行业对自动化改造的需求旺盛，智能仓储市场有望迎来爆发（见图6-17）。

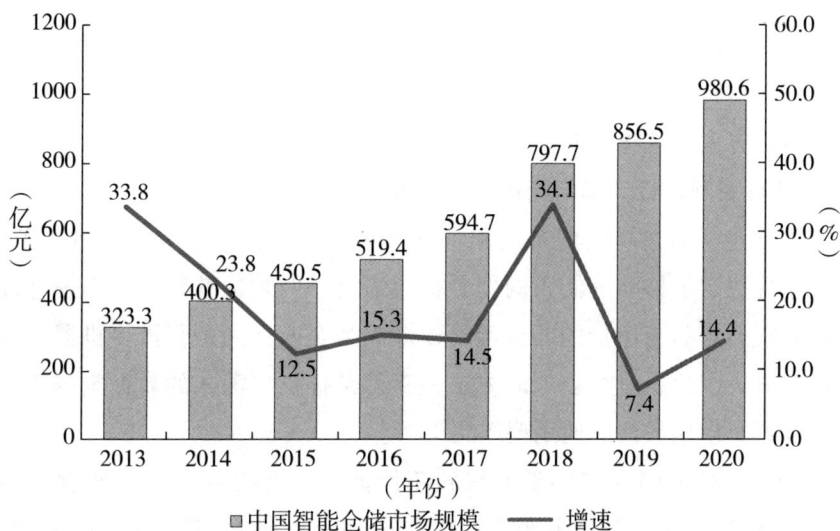

图 6-17 中国智能仓储市场规模

数据来源：高工产业研究院，零壹智库。

目前，整个仓储物流机器人行业仍在发展早期阶段，但这既是广阔的"蓝海"，也是竞争凶残的赛道。有数据统计，2021 年前三季度，仓储机器人领域有超过 80 家企业获得融资，规模达 140 亿元。

其中，诺力股份早在 2006 年就开始布局海外市场，业务分布于中国、德国、美国、俄罗斯、马来西亚等国家和地区，已完成超过 1700 个相关智能仓储系统工程案例。"小巨人"德马科技业务遍布全球 30 多个国家和地区，市场占有率位居行业前列，2021 年前三季度研发投入共计 0.55 亿元，同比大幅增长 53.65%。昆船智能已涉足 AGV 领域 20 余年，研发产品品类达 20 余种，在国内国际上都已打响品牌。此外，今天国际、新松机器人、音飞储存等多家头部企业早已在智能仓储领域站稳了脚跟。

尽管如此，海柔创新却凭借自身的硬实力在这场混战中突出重围。不同于潜伏式 AGV 等货到人系统，库宝系统从货架到货箱的颗粒度提升，使其可以做到高库容率、高命中率、高拣选效率。库宝 HAIPICK 机器人最多可同时携带 8 个料箱，将工人的工作效率提高 3~4 倍，覆盖 0.25~6.5 米立体存储空间，使存储密度提高 80%~130%。不仅如此，货箱到人方案降低了对环境的要求，客户能够在极短的时间里用最低的成本实现高效机器人仓库建设。

小批量、多品类、高效率的柔性供应链解决方案，是海柔创新能够被市场接受的重要特质。面对竞争，深谙仓储物流痛点难点，创新性甚至变革性地提出解决方案，这将是海柔继续领跑的动力所在。

2. 非标定制，让产品与场景高度匹配

不同行业、不同仓库的布局和特性都有所不同，需求也会有较大差异，这种复杂性决定了移动机器人的部署很难通过一两款标准化产品实现直接匹配。能否提升产品与场景的匹配度，逐渐成为企业评判是否需要机器人的重要标准之一。因此，海柔创新的方法一直都是提供更深入的非标定制化解决方案，而不是应用较浅的通用型产品。

例如，针对不同仓储场景的料箱不同问题，海柔创新分别研制了库宝 HAIPICK A42D 双深位料箱机器人、库宝 HAIPICK A42N 纸箱拣选机器人、库宝 HAIPICK A42T 伸缩升降机器人，满足客户对成本、效率的综合要求。

深入场景为客户解决根本难题，使很多巨头友商与海柔创新达成战略合作，且复购率很高。如京东亚洲一号仓内有 65 台海柔创新库宝机器人、3 个入库工作站、9 个出库工作站以及 25 个充电桩，配合海柔创新 HAIQ 智慧管理软件平台，极大提升了出入库效率，满足了 2021 年"双十一"高峰高时效的订单需求。

2021 年 7 月，海柔创新对安踏原有的仓储中心进行升级革新，基于丰富的鞋服项目经验，结合上下游设备，搭配装卸机、环形输送线形成适配 2C&2B 混合业务的集成方案。该项目入库产能达 1000 箱/小时，出库整体产能达 320000 件/天，拆零出库 20000 件/小时。

目前，海柔创新落地的项目主要在第三方物流、鞋服、零售、医药等流通行业。未来，海柔创新除了要持续深耕这些行业，还要去积累和沉淀在数字化程度不高的制造业的业务经验，解决如何实现产品在相似场景的规模化复制落地这一行业难点。工业引领的智能仓储市场容量更大，客单价更高，客户体量更大，这也是海柔创新未来的机会点。

（三）布局全球，海外业务将占到一半

Logistics IQ 报告显示，2019—2025 年全球仓储自动化市场规模的复合年增长率将为 11.7%，2025 年全球仓储自动化市场规模将达到 270 亿美元，市场增长空间广阔。此外，仓储机器人系统的成熟性、稳定性以及用户对于 AGV、AMR、ACR 等的认知度和接受度已有很大提升，新冠疫情使很多发达国家劳动力短缺、人力成本高涨，进一步加速了仓储自动化的进程，而这些恰是海柔创新进军海外市场的机遇。

如果仅从箱式机器人产品领域来讲，海柔创新占据了绝对的市场主导地位。但在海外，海柔创新更多的是要面对 Miniload、多层穿梭车、AutoStore 等不同技术解决方案供应商的竞争，还有起步更早、市场占有率更高的国际品牌，如日本大福、德马泰克（DEMATIC）、瑞仕格（SWISSLOG）、科纳普等。

面对上述情况，海柔创新做了大量准备工作。第一，利用在成本、技术、定制化能力等多方面的优势，海柔创新拿下跨境电商供应链服务商中的头部企业——万邑通海外仓。第二，大规模扩充技术和海外团队，力求强化组织效率，公司全球员工已增长到 1600 人，其中超 50% 为研发人员，海外部门人数增长了 8~9 倍。第三，大力建设海外本地化端到端服务组织，快速响应客户需求。此外，海柔创新花费大量时间来做合规性的准备工作，如欧盟的 CE 认证、美国的 UL 认证等，并以更低成本拿到市场准入。

2019 年，HAIPICK 库宝机器人首次在海外亮相，就得到许多海外客户和合作伙伴的青睐。2021 年，海柔创新全球化进程进一步加快，立足深圳总部，设立了中国香港、日本、新加坡、美国、荷兰五大子公司，在中国台湾、韩国、大洋洲等地设立办事处，业务覆盖五大洲 30 多个国家和地区。落地项目包括澳大利亚最大线上图书商城 Booktopia、跨境电商龙头万邑通在欧洲打造的智能海外仓、GE、HP 等。同时，海柔创新也和 LG CNS、MHS、MUJIN、BPS Global、Savoye 等众多知名物流及供应链集成商达成了战略性合作，拥有很多世界 500 强大客户。

截至 2021 年，海柔创新海外业务的占比达到 30%，未来还要进一步布局海外，计划未来 3 年将海外业务占比提高至 50%。

附　录

附录 1：业界领袖眼中的数字经济与投融资大趋势

2022 年 6 月 10 日，由《陆家嘴》杂志、零壹智库主办，北京文投文化科技产业融合基金管理有限公司联合主办的"2022 第一届中国数字科技投融资峰会：数字技术涌现与投资革新"线上召开。会上，香港科技大学副校长汪扬发表会议致辞。北京文投文科基金管理有限公司总裁张苤麟以"数字文化的投资趋势"为题进行了演讲，系统全面地介绍了数字文化的内涵、数字文化投资项目以及未来投资趋势，同时结合具体应用场景，分享了北京文投文科基金投资乡村振兴领域的案例。绿色创业汇发起人、绿叶投资创始合伙人葛勇发表了题为"数字经济与零碳社会的投资机遇"的演讲。境成资本创始合伙人丛远华从保险科技的角度分析了国内数字投融资情况，并分享了保险科技投资相关案例。高效能服务器和存储技术国家重点实验室首席研究员、元宇宙产业委联席秘书长叶毓睿发表了"元宇宙技术与产业发展"主题演讲。叶毓睿分别从元宇宙是什么和为什么、元宇宙如何建设以及元宇宙所面临的挑战和产业分析三大板块做了相关内容分享。

数字经济正在逐渐走向互联网 3.0 时代

香港科技大学副校长　汪扬

当前，整个社会正在迅速地走向数字经济时代，数字科技在我看来是数字经济最重要的推动力。

目前，中国数字经济占 GDP 的比重超过 30%，而纯数字经济，也就是数字产业化的数字经济占比相对较少，在 5%~7%，虽然量不大但增长速度非常惊人，这实际上也是全世界的共同趋势。

预计未来 20 年，数字产业化的数字经济会成为我国经济的重要支柱。从现在的趋势看，在 20 年内占 GDP 总量的比重达到 30%～40%是非常现实的预测。

关于数字经济的结构这几年也发生着迅速的变化。数字经济正在从互联网 2.0 时代的垄断平台、垄断经济，逐渐走向互联网 3.0 时代，即以区块链驱动的共享经济。数字经济不仅与技术有关，也是一种理念。

基于价值共享的新一代数字经济，将是推动社会健康发展的利器。新一代数字经济在很大意义上是一个不可逆转的趋势。

数字经济时代，经济体将不受地缘政治的影响，特别是在数字产业化的经济生态里。中国有条件成为新的数字经济推动者，也有最好的条件去建立一个最大、最有活力，同时最有创新性的数字经济体。

为什么这么讲？数字经济的发展必须有三个要素：

第一，有基数。这里指的是人口基数，中国、印度都有人口基数，但这不仅仅与数量有关，更重要的是人口的数字经济技能和教育水平，中国在这一方面目前是世界第一。

第二，有基础。中国的文化氛围非常拥抱数字经济和共享经济理念。数字经济要通过价值共享的形式推动教育发展，造福社会。在这一点上，中国是有基础的。另外，再看元宇宙里的场景设计，80%～90%的开发者在中国，所以中国的基础非常强大，没有第二个国家可以复制。

第三，有技术。当然美国也有非常好的技术，但目前的互联网 3.0 平台，大多数都是中国人在做。

综合这三个要素，我认为世界上没有第二个国家比中国更具备发展数字经济的条件。这也是为什么我说中国将是世界数字经济的最大驱动力，也是最有活力、最有创新性的数字经济体。

数字文化不再是单纯投产品，而是投生态

北京文投文科基金总裁　张莅麟

1. 数字是工具，文化是生产力

对于数字文化，我们要将数字和文化二者分开去看。第一，数字是一个

网状节点，在当下，它造就的是美团、京东、淘宝等平台服务，实质上是让精英控制人的消费习惯和生活的方方面面。第二，文化即 IP。例如，故宫、天坛、颐和园等，这些祖先留下的社会化资源，都称为文化，它们可以被很好地利用起来。

只有将数字与文化结合，每个人自身的创造力才能释放出来。因此，数字就是工具，文化才是真正造就生产力的基因。将好的文化 IP 与好的创造力进行整合，即数字文化。

2. Web 3.0 时代，创造数字资产价值

Web 3.0 时代很符合"大众创业、万众创新"，因为很多人是有灵感、有创意、有能力的创作者。过去在平台的世界很多人没有机会将这些能力展露出来，但是如今在 Web 3.0 时代就可以创造属于自己的数字资产。

在过去，资产被认为是货币，但是将数字资产和文化结合在一起之后，它可以根据我们的想法在整个网络空间里自由地变成其他东西。在 Web 3.0 时代，我们可以让自己的数字资产实现进一步增值。因为数字资产不但可以进行第一次创作，还可以衍生价值。当衍生的价值进一步增加，那就到了人人可参与、人人可获利的时代。

3. 数字文化投资项目细分

当下中国在有了 Web 3.0 之后，出现了一系列数字文化投资项目，可以将这些项目归纳为以下三类。

第一，数字新基建。在 Web 2.0 时代，数字新基建包括区块链、数据中心、物联网、人工智能、云计算等。而在 Web 3.0 时代，数字新基建包括中国文旅链、中国食品链和国家合同备案中心。

第二，数字文化工具，包括虚拟数字人、数字藏品、AI 音乐、数字唱片、品牌礼盒等。将这些工具整合在一起，能够打造出一个更新更好的场景，这个场景就是真正让更多人可以获利的工具，甚至可以获得数字资产变现的机会。

第三，数字文化场景，包括沉浸式体验、元宇宙、乡村振兴。其中，从乡村振兴的市场来讲，更多的机遇来自将线下产品搬到线上，将灵感创作与场景结合，将所有人的利益与乡村振兴果农的利益、特产的利益等捆绑在一

起。在乡村振兴场景下，我们既是创建者，又是消费者，还是价值的受益者。

4. 未来投资趋势：从投产品转向投生态

从未来的投资趋势来看，政府的产业基金和母基金比较强势，但政府的产业基金和母基金缺乏优质的投资团队。如果将优质的投资团队与其结合，将形成一种新的投资结构。从未来的投资方向来看，过去都是单纯投产品，没有将利益分给更多人。但是未来无论是投元宇宙的产品，还是投乡村振兴的产品，投资的都是生态，所有的生态会形成自循环，让所有人都能参与进来，大家各自根据自己的能力和优势，创造出共赢的商业形态。

数字技术需要在碳中和相关场景重度深耕

绿叶投资创始合伙人 葛勇

碳中和有两大技术路线：

一是减碳，即减少二氧化碳排放。减碳又可分成能源替代（如风能、太阳能、生物能等新能源）和节能与能效提升（体现在工业节能、建筑节能、交通节能、农业减排、绿色消费领域）。

二是固碳，即将已经排放的二氧化碳捕捉起来进行利用。固碳也可分成两块：CCUS（碳捕捉、存储与利用技术，包括碳封存和碳利用）和森林碳汇（即植树造林，通过种植更多的树木来吸收更多的二氧化碳）。

在碳中和目标提出以及数字经济进入展开期的双重大背景下，绿色低碳的发展过程既有不变，也有变化。

不变之处包括以下五点。

第一，碳中和行业相关的属性。碳中和行业最核心的属性是强政策驱动型产业，这一属性在很长时间内不会改变。

第二，行业周期。数字技术出现后，碳中和的行业周期确实有适当的缩短，但其并没有发生本质性的改变。

第三，技术发展特点。碳中和相关技术作为新的技术，有转化率低、成本高的特点，还需要在性能上不断优化。

第四，产业链现状。碳中和产业链的配套、产业链上下游的发展还处于不成熟阶段，绿色低碳创新技术的应用受到限制。

第五，新用户，新市场。在碳中和大背景下，技术和市场都是比较新的，因此用户和客户也都是比较新的，这是低碳技术发展的特点所决定的。

变化之处包括以下三点。

第一，技术创新需求不断提升。需求既来自产业端，也来自消费端，绿色低碳技术贯穿于行业整体发展过程。除了改良性技术、颠覆性技术，替代性技术带来的投资机遇和产业升级机会更大。

第二，底层通用数字技术叠加展开并向各行业渗透。底层通用数字技术不只包括互联网，还包括人工智能、大数据、云平台、物联网等一系列的技术，以及其他领域的技术，像生物技术、新材料和新能源技术等。不同领域的技术叠加，向各个行业渗透。

第三，技术加速融合创新。技术创新不再是单点突破，更强调一组技术形成多个应用方向。如高校生物专业的学生用人工智能的 AlphaFold 做分子筛选，加速药物的研发，农业专业的学生研究视觉识别技术，应用于识别杂草、识别病虫害等。

数字技术如何有效助力碳中和目标的实现？

在中国，最重要的污染源是农业污染，而不是工业污染。目前，农业数字化渗透率只有8%，远低于平均水平36%。相较工业4.0概念的提出，农业的整体发展水平还在1.0阶段和2.0阶段。目前，人工智能、大数据、物联网等底层技术为农业的智能化、数字化提供了很好的溢出效益，但离真正的农业数字化还差得很远。

目前很多地方的农业信息化，更多是一些数据的横向展示，缺少对数据的深度挖掘、分析和应用。而我们真正需要的是能够帮助农户提升作物品质、产量和推动农业可持续发展的农业数字化解决方案。

联合国粮农组织2021年年中发布的《中国碳中和茶叶生产报告》中的案例显示，通过帮助用户做精准的灌溉控制，达到了节水50%，节约电费50%，节约肥料40%；通过病虫害模型预测，控制常见病虫害的发生，减少35%的农药使用；通过实时预警功能以及快速启动预案，避免热害、冷害、干旱等突发事件造成的各种经济损失，减少了100%的霜冻损害；同时，这一套物联网设施减少了农民人力投入的 95%，同时每亩平均年增收 7500 元。数字技术在帮助茶农实现增产增收的同时，有效减少碳排放，实现碳中和。

在碳中和以及数字技术展开期背景下寻找投资机遇，我们需要关注将数字技术与碳中和的实际需求以及用户的实际需求相结合，真正应用到行业里的企业。

技术创新的价值，不仅仅在于技术开发和引入的速度和数量，而在于技术应用的深度和广度。"双碳目标"的早日实现，需要尽早大规模推动数字技术在碳中和相关的各个垂直细分应用场景的重度深耕，用数字技术去解决产业难题，而不只是披上一层"数字的外衣"。

科技前沿技术成为保险业新动能

境成资本创始合伙人　丛远华

境成资本成立于 2017 年，是一家立足于大湾区，扎根于"深合区"，具有国际化投资背景的风险投资机构，主要聚焦全球范围内深科技的产业化，投资方向为深科技（DeepTech）和健康科技（HealthTech），为早中期的企业提供战略性的资本和价值服务。

科技是保险业的新动能，境成资本非常注重对保险科技行业的投资。对保险行业来说，四个核心的技术是大数据、云计算、人工智能和区块链技术，因为保险应用场景涉及人和物的对接，这些新技术能在保险业得到较为广泛的应用。同时，更为前沿的技术，如生物技术、绿色节能技术、数字货币等技术都与保险业密切相关。

同时，保险科技也是解决保险行业问题的助推器，如解决保险企业普遍存在的远离客户需求、用户满意度较低以及保险欺诈率较高等问题。

例如，在客户服务方面，普强公司提供了智能客服系统。寿险公司的呼叫中心每天产生超过 1000 小时的电话录音，其中蕴藏着丰富的用户需求。普强公司通过对内部数据的结构化和语音数据的处理将这些数据有效利用，提升产能和效率，挖掘、提高客户转化率。

在 AI 自动化方面较为典型的案例是元初智能运用 AI 建立应用平台，用于 AI 技术的流程管理。元初智能曾帮助某保险公司利用 AI 流程管理实现了智能合规的校验、智能影像的分类和智能内容的提取，平均每天可以处埋 40 万张单据，每年可以节省上千万元人力成本。

微保科技在保险供应链数字化生态方面有着不错的建树，在顶层提供一个超级收银台聚合支付能力，搭建一个 SaaS 平台。推出的产品微云保主要做产品的聚合，包括建立一个保险产品的工厂，其核心是建立一个保险消费者的业务账号，支持独立代理人。微保科技通过提供超级收银台和产品聚合器，将人均月供产能提升超过 100%，佣金结算周期缩短了 50%，客户交易成本下降了 30%，客户效率提高了 24 倍。

对于保险科技这一赛道的未来投资选择，我有两方面的建议。一方面，未来的投资机会将出现在应对新兴风险的前沿解决方案中，这个解决方案需要懂保险业务和科技的团队利用科技平台快速推进；另一方面，人工智能技术对整个行业会产生较为颠覆性的影响，包括元宇宙生态、人工智能决策以及反欺诈智能平台等场景，都是这一赛道未来的投资趋势之一。

元宇宙建设与技术挑战
元宇宙产业委联席秘书长　叶毓睿

1. 元宇宙是什么，为什么会出现

从初期、中期、长期三个阶段看，元宇宙的定义是不一样的，当下的阶段元宇宙是多维共创互信网，即以区块链为基础、虚实融合的，由创作者驱动的共创、共治、共享的数字新世界。从长期的角度看，元宇宙是意识构建的智慧地球。

元宇宙之所以会出现，一方面是在个人需求层面，可以满足人不同的需求，体验不一样的人生。因为在物理世界中，人往往受制于环境、社交、经济等因素，难以体验理想的人生，而元宇宙变成了一个很好的试验田。另一方面是为了全人类的生存和发展，目前存在人类快速繁衍和地球资源有限的矛盾，除了向外太空探索，向内探索也是一种解决方式，数字技术能够优化地球的资源配置和降碳增效，实现物尽其用，人尽其才。

元宇宙也是当下年轻人积极关注的领域，如果我们不去积极影响和占领这一网络空间，建立先发优势，则会被外来力量所占领。

2. 如何建设元宇宙

从当下的技术生态来看，发展元宇宙产业，首先要考虑元宇宙平台自身如何搭建，当平台搭建陆续完成之后，会有丰富的集成应用，包括乡村元宇宙、教育元宇宙、工业元宇宙、文旅元宇宙等。元宇宙的建设主要需要十大技术。

首先是"五大地基性技术"。元宇宙是一个多人并发参与的、持续的、共享的数字新世界，数字世界不能凭空出现，需要物理世界源源不断的算力输入才能构建，这里的算力是泛概念的算力，包括计算、存储、网络、AI 以及系统安全等地基性技术。

地基建设好后，好比形成了元宇宙的荒漠或平地，要在荒漠或平地上建设村落、城镇，甚至国家和文明，这个时候需要"五大支柱性技术"，即交互与展示技术、数字孪生与数字原生技术、创建身份系统与经济系统技术、内容创作技术、治理技术。理解这五类技术可以从现实的物理世界进行类比，物理世界中包括人、物、场、事件（发生历程、生命周期），这些都可以通过数字孪生的方式映射到元宇宙当中。

交互与展示技术目前应用较广的是 VR（虚拟现实）/AR（增强现实）、裸眼 3D、全息投影、脑机接口等；在元宇宙生活的数字人需要创建和识别身份，以及数字资产的存储和流通，即构建身份系统和经济系统；元宇宙中各种各样的场景都需要物理世界中的架构师进行内容创作；随着人类逐渐从物理世界向数字世界迁徙，渐渐地会形成群落，便需要共识、治理规则，乃至法律，即治理技术。

由于目前处于元宇宙发展早期阶段，大家都还在"盲人摸象"。分析元宇宙产业，现阶段可以简单地按照十大技术来分类，每项技术其实都对应着较大的产业链。不过从长远来看，元宇宙会成为一个创意的协作网，中长期后，元宇宙产业的分类会围绕创意产品或者服务，从生产、流通、销售和服务等维度来进行划分。

3. 元宇宙产业面临的挑战

关于元宇宙产业所面临的挑战，我们仅以计算、存储、AI 和区块链为例。

从计算层面来看，元宇宙目前所面临的一大挑战是算力要求的巨大提升以及摩尔定律放缓，如制造工艺、功耗、散热等难题。主要解决之道是异构加速、多元融合、软件定义和高效制冷等。在用户侧，即云边端的端侧同样存在大的挑战，如 AR 眼镜需要有全新的计算架构，以解决当下 AR 眼镜较为笨重和续航等问题。

在存储层面，NFT、NFR、数字藏品存在隐患，数字资产的原始数据如果存放在中心化的服务器上，会面临黑客攻击、查看、删除、篡改数据等各种安全性、可靠性的挑战。因此，数字资产应进行分散式存储，或者叫区块链存储。

AI 在元宇宙里面是一个非常重要的地基性技术，因为每个人进入元宇宙中都希望看到自身的形象以及部分环境是为他专门定制的，达到千人千面的效果。如何做到千人千面？通过 AI 技术，指数级提高 AIGC（AI 生成内容）的效率成为关键。

在区块链技术层面，NFT 的底层逻辑是重点突出个人的独特性，例如凸显身份标识，能够彰显独特个性。但是目前国内有些数字藏品有悖于这一内在逻辑。NFT 或数字藏品后续的运营要思考这一逻辑，通过这一逻辑进行衍生。

从元宇宙"五大支柱性技术"来看，除了治理技术，未来通向元宇宙塔顶有四条道路，即多维互联网、区块链、游戏、数字孪生。相信这四条道路殊途同归，最终都会在元宇宙这个"通天塔"的塔顶相遇。

附录 2：数字科技投融资排行榜

2022 年 6 月 10 日，在《陆家嘴》杂志和零壹智库主办的 2022 第一届中国数字科技投融资峰会：数字技术涌现与投资革新上，"2022 首届数字科技投融资榜单"隆重揭晓，300 多家投资机构及创业企业获得殊荣。

近年来，数字经济发展速度之快、辐射范围之广、影响程度之深前所未有，正在成为重组全球要素资源、重塑全球经济结构、改变全球竞争格局的关键力量。

以人工智能、大数据、云计算、区块链等为代表的数字科技，正在深刻改变人类的生产方式和生活方式，对于数字经济和可持续发展，数字科技也将带来关键助力。

股权投资机构是数字科技企业背后的重要支持者，它们调动资金和资源，推动数字科技创新风起云涌，推动技术在各行各业的加速应用。近几年，数字科技领域的投融资活动日趋活跃，元宇宙、企服、隐私计算、双碳、信创、区块链等细分赛道都受到股权投资基金的垂青。

一、数字科技综合榜单

表 1　　　　　　　　最佳母基金 30 强

序号	机构名
1	安徽高新投
2	北京科创基金
3	成都天创投
4	大唐元一
5	歌斐资产

序号	机构名
6	光大控股母基金
7	广金基金
8	国方资本
9	国家中小企业发展基金
10	国投创合
11	海创母基金
12	横琴金投
13	建发新兴投资
14	钧山私募股权母基金
15	坤元资产
16	陆浦投资
17	前海母基金
18	青岛科创母基金
19	清科母基金
20	上海科创基金
21	深圳天使母基金
22	盛景嘉成母基金
23	盛世投资
24	苏州基金
25	五矿金通
26	星界资本
27	亦庄国投
28	元禾辰坤
29	中金资本
30	紫荆资本

表2   最佳早期投资机构30强

序号	机构名
1	真格基金
2	梅花创投
3	线性资本
4	云启资本
5	蓝驰创投
6	险峰长青
7	创新工场
8	明势资本
9	英诺天使基金
10	联想之星
11	中科创星
12	九合创投
13	峰瑞资本
14	红杉种子基金
15	银杏谷资本
16	耀途资本
17	元禾原点
18	启迪之星创投
19	奇绩创坛
20	啟赋资本
21	青松基金
22	小苗朗程
23	投控东海
24	盈动资本
25	华业天成
26	挑战者创投
27	初心资本

序号	机构名
28	图灵创投
29	德迅投资
30	信天创投

表3　　　　　　　　**最佳创业投资机构50强**

序号	机构名
1	红杉中国
2	经纬创投
3	IDG 资本
4	深创投
5	顺为资本
6	五源资本
7	GGV 纪源资本
8	源码资本
9	同创伟业
10	金沙江创投
11	东方富海
12	高榕资本
13	联想创投
14	启明创投
15	海纳亚洲
16	钟鼎资本
17	BV 百度风投
18	君联资本
19	高瓴创投
20	毅达资本
21	元璟资本
22	光速中国

续　表

序号	机构名
23	达晨财智
24	松禾资本
25	红点中国
26	北极光创投
27	华创资本
28	BAI 资本
29	招商局创投
30	祥峰投资
31	国中创投
32	华登国际
33	普华资本
34	常春藤资本
35	火山石投资
36	愉悦资本
37	软银中国
38	华盖资本
39	武岳峰资本
40	创世伙伴 CCV
41	斯道资本
42	洪泰基金
43	盛宇投资
44	盈科资本
45	达泰资本
46	朗玛峰创投
47	国投创业
48	方广资本
49	动平衡资本
50	德同资本

表 4　　　　　　　　　　　最佳私募股权投资机构 50 强

序号	机构名
1	腾讯投资
2	高瓴投资
3	小米
4	中金资本
5	字节跳动
6	前海方舟
7	阿里巴巴
8	招银国际资本
9	金浦投资
10	鼎晖投资
11	基石资本
12	CPE 源峰
13	云晖资本
14	云锋基金
15	中信建投资本
16	广发合信
17	涌铧投资
18	深圳高新投
19	中芯聚源
20	中信资本
21	凯辉基金
22	临芯投资
23	嘉御资本
24	华兴新经济基金
25	挚信资本
26	招商局资本
27	保利资本
28	哔哩哔哩
29	CMC 资本

序号	机构名
30	浦东科创
31	美团
32	京东战投
33	中冀投资
34	蚂蚁集团
35	惠友资本
36	东证资本
37	海尔资本
38	中金佳成
39	国君创投
40	讯飞创投
41	光远资本
42	淡马锡
43	越秀产业基金
44	国投招商
45	碧桂园创投
46	元禾重元
47	元禾璞华
48	东方嘉富
49	建银国际
50	用友幸福投资

表 5　　　　　　　　最具品牌影响力投资机构 20 强

序号	机构名
1	GGV 纪源资本
2	IDG 资本
3	创新工场
4	达晨财智
5	鼎晖投资

序号	机构名
6	高瓴投资
7	高榕资本
8	红杉中国
9	华平投资
10	经纬创投
11	君联资本
12	启明创投
13	深创投
14	顺为资本
15	腾讯投资
16	同创伟业
17	五源资本
18	源码资本
19	真格基金
20	中金资本

表6　　　　　　　　**数字科技新锐投资机构30强**

序号	机构名
1	58产业基金
2	碧桂园创投
3	敦鸿资产
4	蜂巧资本
5	冯源资本
6	硅港资本
7	哈勃投资
8	恒旭资本
9	惠每资本
10	昆仑资本

序号	机构名
11	临港科创投
12	领航新界
13	奇绩创坛
14	启高资本
15	日初资本
16	容亿投资
17	天际资本
18	图灵创投
19	万物资本
20	韦豪创芯
21	沃赋资本
22	禧筠资本
23	夏尔巴投资
24	新宜资本
25	野草创投
26	隐山资本
27	渶策资本
28	优山资本
29	致道资本
30	中电基金

表 7   数字科技隐形冠军企业 30 强

序号	机构名
1	Moka
2	Momenta
3	超参数科技
4	城云科技
5	达闼科技

序号	机构名
6	地平线机器人
7	滴普科技
8	店匠科技
9	瀚博半导体
10	弘玑 Cyclone
11	华控清交
12	慧策
13	精锋医疗
14	卡奥斯
15	蓝湖
16	镁信健康
17	青藤云安全
18	数美科技
19	思灵机器人
20	思谋科技
21	推想医疗
22	蔚领时代
23	文远知行
24	新康众
25	行云集团
26	易快报
27	奕斯伟计算
28	云知声
29	再惠
30	追觅科技

二、数字科技细分赛道榜单

表 8   **最受投资人欢迎的双碳服务企业 10 强**

序号	机构名
1	飞鹿科技
2	盖亚环境
3	弓叶科技
4	九方科技
5	零探智能
6	启源芯动力
7	碳衡科技
8	碳能科技
9	碳中宝
10	碳阻迹

表 9   **双碳领军投资机构 10 强**

序号	机构名
1	安吉两山双创基金
2	红杉种子基金
3	经纬创投
4	明势资本
5	宁德时代
6	奇绩创坛
7	啟赋资本
8	维思资本
9	元禾控股
10	中美绿色基金

表 10　　　　　　最受投资人欢迎的企服创业企业 10 强

序号	机构名
1	北森
2	超级前台
3	店小秘
4	灵鹊云
5	羚数智能
6	每刻科技
7	明道云
8	巧思科技
9	探迹科技
10	智齿科技

表 11　　　　　　企业服务领军投资机构 10 强

序号	机构名
1	CMC 资本
2	高榕资本
3	海纳亚洲
4	红杉基金
5	经纬创投
6	凯辉基金
7	鲲鹏资本
8	软银中国
9	五源资本
10	云启资本

表 12　　　　　最受投资人欢迎的元宇宙服务企业 10 强

序号	机构名
1	硅谷数模
2	慧夜科技

序号	机构名
3	灵境绿洲
4	魔珐科技
5	燃麦科技
6	神秘绿洲
7	世悦星承
8	威魔纪元
9	小冰
10	云舶科技

表 13　　　　　　　　元宇宙领军投资机构 10 强

序号	机构名
1	北极光创投
2	敦鸿资产
3	高瓴投资
4	海南元宇宙一号基金
5	奇绩创坛
6	顺为资本
7	腾讯投资
8	网易资本
9	五岳资本
10	招商资本

表 14　　　　　最受投资人欢迎的隐私计算服务企业 10 强

序号	机构名
1	洞见科技
2	富数科技
3	光之树
4	华控清交

序号	机构名
5	金智塔
6	蓝象智联
7	锘崴科技
8	融安数科
9	数牍科技
10	星云 Clustar

表 15　　　　　　　　　隐私计算领军投资机构 10 强

序号	机构名
1	GGV 纪源资本
2	IDG 资本
3	红杉基金
4	华兴资本
5	基石资本
6	联想之星
7	启明创投
8	元禾原点
9	招商局创投
10	中电基金

表 16　　　　　　　最受投资人欢迎的信创服务企业 10 强

序号	机构名
1	飞腾
2	嘉为蓝鲸
3	金格科技
4	谐云科技
5	星辰天合
6	易鲸捷

序号	机构名
7	云道智造
8	云轴科技 ZStack
9	中科方德
10	中科网威

表 17　　　　　　　　　信创领军投资机构 10 强

序号	机构名
1	博裕资本
2	达晨财智
3	红杉基金
4	基石资本
5	容亿投资
6	深创投
7	深圳高新投
8	亦庄国投
9	云锋基金
10	中科算源

表 18　　　　　　最受投资人欢迎的区块链企业 10 强

序号	机构名
1	边界智能
2	标信智链
3	纯白矩阵
4	能链科技
5	趣链科技
6	数秦科技
7	天河国云
8	信任度科技
9	云象区块链
10	众企安链

表 19　　　　　　　**区块链领军投资机构 10 强**

序号	机构名
1	财信产业基金
2	常春藤资本
3	分布式资本
4	复星集团
5	红杉基金
6	启明创投
7	深创投
8	曦域资本
9	易方达
10	真格基金

注：以上榜单排名不分先后。